章	高校まで…	大学では…
反応速度	反応速度定数の温度変化から、活性化エネルギーについて学ぶ。さらに、触媒の働きを理解する。	
7 酸・塩基／酸化・還元		
酸・塩基	主にアレニウスの定義に従って、酸・塩基を理解する。ブレンステッドの酸・塩基にも触れるが、酸・塩基の定義を広げた程度にとどめる。pH の計算などを簡単な酸・塩基について説明する。塩の水溶液の性質について定性的に学ぶ。	ブレンステッドの定義で、酸・塩基への溶媒の関与を理解する。関連して、共役酸・塩基の考え方を理解する。さらにルイスの酸・塩基を導入し、広く化学反応を理解する。塩の加水分解・緩衝溶液について定量的に学ぶ。
酸化・還元	酸化・還元が結局は電子の授受であることを学ぶ。酸化数の定義を理解する。金属にイオン化傾向のあることを学ぶ。電気分解も酸化・還元反応であることを理解する。	あらためて酸化数の意味を考える。電池の起電力から酸化還元電位を導き、起こりうる酸化還元反応を考える。金属のイオン化傾向もそれによって理解する。電極の名称の根拠が欧米と日本で異なることにも触れる。
8 物質の三態／溶液		
固体・液体・気体	結晶の種類、金属結晶の構造などを学ぶ。液体の蒸気圧・蒸発熱などを学ぶ。気体については、経験的なボイル・シャルルの法則、分圧の法則などを理解する。理想気体と実在気体の違いを知る。	金属の単体の結晶格子の出来方を考えて、最密構造を理解する。種々の結晶について理解を深める。液体の蒸気圧についてやや定量的に理解する。状態図から三態を考える。気体の法則を分子運動論から理解する。理想気体の標準状態での体積をあらためて考える。ファンデルワールスの状態方程式を導く。
溶液	沸点上昇、凝固点降下、浸透圧を現象として理解する。	沸点上昇と凝固点降下について熱力学の公式を借りて理解を深める。浸透圧についても復習する。
9 有機化学と有機化合物	有機化合物の物理的性質や反応を、官能基に分類して整理して学ぶ。やや暗記物的な学習にとどまる。	共有結合を作る電子の性格と分極を基に、広範な有機化合物の性質、反応を、反応機構にまで立ち入って理解する。

Catch Up

大学の化学講義

—高校化学とのかけはし—

改訂版

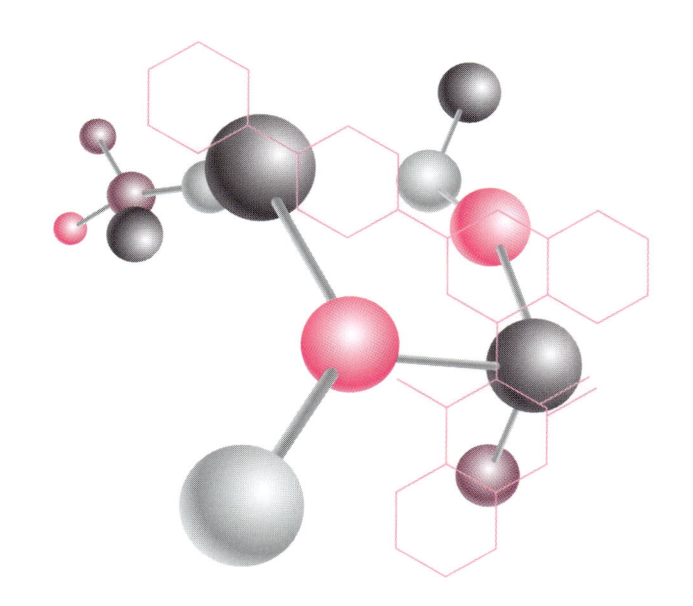

杉森　彰・富田　功

共著

裳華房

Lectures as Liaison between College- and High School Chemistry
revised edition

by

Akira Sugimori, Dr. Sci.
Isao Tomita, Dr. Sci.

SHOKABO

TOKYO

まえがき

本書の旧版は，高校と大学初年級の“化学”をつなぐ架け橋として，高校で学習する化学を基礎にして，大学ではそれがどのように本質的な展開をするのかを体験しながら化学を学べるようにと念願して書かれた．

幸い，版を重ねることができたのは，著者たちの喜びであり，感謝に堪えない．ところで，平成24年から高校の学習指導要領が改定され，それに沿ったカリキュラムで学習した学生が大学に入るようになった．それを機会に内容と記述に関していくつかの改訂を行った．

一つは演習問題の充実で，随所に挿入したコラムとともに，浅い知識の獲得ではなく，化学のより深い理解と，さらに奥深い化学の世界へと読者を誘うことを意図している．また，旧版では中途半端な説明に止まっていた第9章の有機化学の記述を充実し，有機化学の一部分を切り取った形ではあるが，有機化学を活用する学部学科の授業にも接続できるように，筋の通った解説を試みた．結合について勉強した第4章を基礎に，有機化学の理解を深めていただきたいと願っている．

問題の解答は略解にとどめたが，より詳しい解説が裳華房のwebサイト（https://www.shokabo.co.jp/mybooks/ISBN978-4-7853-3507-6.htm）にあるので参考にしていただきたい．

本書が出来るには，多くの方々のお世話になった．特に，時田澄男氏，時田那珂子氏には，両氏が開発された軌道の電子分布を可視化するNEBULAモデルの写真を掲載させていただいた．改訂の基本方針をたて，細心の注意でそれを実現してくださった編集部の小島敏照氏，内山亮子氏に感謝する．

2015年10月

著　者

目　次

コラム

解 説

0 物質を見る眼としての化学

読者の皆さんは、化学というと、日常から遠いもののように感じてはいないだろうか？　原子・分子といわれても目に見えるものではないし、アセトンとかカタカナの名前を聞いても、間違わずに暗記をするのが難しい、という恐怖を感じるだけかもしれない。それに、実験といえば、化学実験室という特殊な場所で、白い実験着を着て、試験管の中で恐ろしげな劇薬とやらをおそるおそる混ぜ合わせるものという印象であろう。

しかし、化学はありとあらゆる物質に関する全てのこと、すなわち、物質を作り出す、物質の性質（物理的・化学的・生物学的性質）を明らかにする、物質を変化させる（反応）などのことを解明する科学で、われわれに身近な学問なのである。物質は身の回りにある全てのものである。環境を構成するもの、人間が生きていくために使うもの（衣食住に必要なもの、呼吸に必要な空気、土、水など）だけでなく、われわれ人間自身も、突き詰めてみれば物質である。

人間は誰でも生まれてからずっと物質(モノ)の中に生きている。しかし、化学を学ぶ前には、生きるための材料として、また美しい自然を構成しわれわれに安らぎを与えてくれるものとしてしかモノを見ていない。化学は、物質を科学的に見る視点である。

普通の目でモノを見るときは、モノの形、色、動きに引き付けられ、目の前のごちそうなら、おいしそうだとよだれが出、花盛りの梅なら紅・白の花に見ほれると同時に、あまい匂いにうっとりとすることであろう。

科学的に見る、すなわち化学の眼でモノを見るとは、モノの形などにとらわれず、物質を構成する究極のもの（原子・分子）を明らかにして、原子・

分子の挙動（もっと詳しくいえば、原子・分子の中の電子の働き）に基づいて、物質の性質を理解することである。原子・分子は非常に小さいもので、10^{23} 個も集まらないと目で見えるものとならないが、物質の性質のあるものは、1 個 1 個の原子・分子に由来する。色がその一つで、1 個の原子・分子でもその色を観察することが出来る。一方、物質の性質には、たくさんの原子・分子が集まって初めて発現するものもある（例えば、物質の半導体としての性質、力学的特性など）。ケイ素（シリコン）の結晶が電気を通して半導体になる（電気的性質）とか、同じ炭素から出来ていながら、ダイヤモンドは硬く強いのに、グラファイト（黒鉛）は軟らかく容易に砕ける（力学的性質）などである。

ヒトはそれ自身物質の塊で、物質環境に取り囲まれているのだから、賢く生きていくためには、物質を論理的に見て、正しく利用していかなければならない。化学を学ぶ意味は、下の図のようにまとめられる。

化学を学ぶことの意味

日常身の回りで起きている
物質の示す現象を理解出来る
（鉄の錆び，燃焼）

衣食住
（シックハウス，サプリメント）

日常使うモノの安全性の判断と
安全な使い方
（漂白剤，殺虫剤，医薬品）

廃棄物などの環境への配慮

新技術の理解

将来の職業への
基礎知識

一般人

準専門者（化学を専門としない）

専門者（化学を専門あるいは基礎とする）

もう少し、「物質を科学的に見る」ということを詳しく見ていこう。われわれの身近にある物質は、多くの場合混ざりもの（混合物）で、いく種類もの（純）物質が混じったものである。化学では、物質の持つ特異な（面白い、あるいは有用な）性質に着目して成分に分け、その一つ一つの純物質について、化学構造（化学式、構造式）を決める。そして、その特性を化学構造に基づいて理解する。

物質の探究は、分けられた純物質について調べるだけでは不十分である。ある場合には、成分物質の共同作業によって、個々の成分が持っていないすばらしい性質が現れることもある。生物などには、それが最も高度で精妙な形で現れている。実用的に物質を利用するときにも、いくつかの物質を組み合わせ、お互いの長所を引き立てるようにする。

化学の探究はこれだけでは終わらない。反応によって新しい物質が作り出され、それがまた新しい反応を生み出し、無限に多くの物質が作り出される。一方、性質の方も、昔は問題になっていなかったものが脚光を浴びるようになってきた。超伝導などもその一つである。化学は、増え続ける物質、新しく問題になった性質を包括した、より広い理論体系へと進化していくのである。

物質の理解 = 化学の理解 は、中学・高校と大学では異なる。高い立場、すなわち大学レベルの目で見ると、高校まで暗記物のように思われていたことが、統一された体系として理解できる（覚えるのではなく、論理的にすっきり整理される）。その意味からも、高校まで化学についてよく勉強していなかった諸君も、大学レベルの勉強を基礎からきちんとすれば、整理された体系的な化学の知識を効率よく身に付けることが出来る。今からでも十分間に合う。高校までの勉強で化学が好きでなかった諸君も、元気よく、じっくり基礎から化学を始めよう。身の回りのことや新聞、テレビで見聞きすることが、これまでと違って見えてくるだろう。

化学における重要な学習事項について、高校までのレベルと大学での内容

化学の目的と方法

化学の方法

有用な（特異な）性質を持つ物質（生体を含む）を要素に分け，純物質とし，その化学構造を決め，諸性質を調べる．

化学の体系

物質の性質（物理的性質，化学的性質，生物学的性質）を化学構造（結合の性格）に基づいて統一的に理解する．

化学の発展

新しい反応を開発し，これまで知られていなかった特性（機能性）を持った新しい構造の物質を作り出す．新しい構造，機能を含めて，より包括的な学問体系を構築する．化学の研究で得られた成果を人類のよりよい生活，地球環境の保全・改善に利用する．

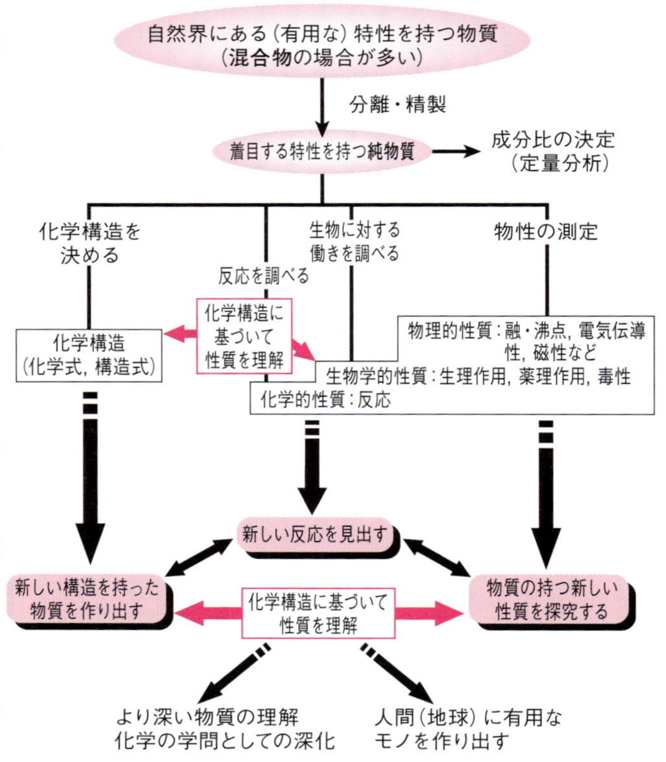

を比較した表を表見返しに掲げた。

本書は、化学を貫く基本的な考え方を簡潔に解説したものである。ところで、化学の目的は、それを応用して、物質を賢く使うところにもある。それには、日ごろ目にし、手で触っているものがどんな元素で出来ているか、どんな結合状態でその特性を発揮しているかを理解して、親しんでいかなければならないが、本書にはこの面が欠けている。それを補うために、周期表と、その元素がどんなところに存在しているのか、またどんな役割を果たしているのかを示したものを裏見返しに載せた。合わせてご参照いただきたい。

1 原子・元素・単体

化学を学ぶにあたって、最も基本的概念である原子・元素および単体について、高校で学んだことを整理しておく。

原子は物質を構成する基本粒子で、正電荷を持つ原子核のまわりを負電荷を持つ電子が高速でまわっている。原子の種類が元素、1 種類の元素からなる物質が単体である。

化学を学習する上で厄介なことは、原子、電子のような目に見えないものが基礎になることである。また、原子と元素の区別がはっきりしないという声も聞かれる。ここではまず、単体を加えたこれらの語句の理解から始める。

原子・元素・単体については、高校の段階ではっきり区別して理解しておくべき事柄であるが、一般に混同されがちな概念でもあるので、あらためて説明する。

原子は、物質を構成する基本的な粒子であり、正電荷を持つ原子核と核外をまわる負電荷を持つ電子からなる。普通の水素原子（軽水素ということがある）以外の全ての原子核は、**陽子**と**中性子**からなる（**図 1･1**）。原子核を構成する粒子の陽子と中性子を総称して**核子**という。

原子核内の陽子の数は**原子番号**といわれ、核外の電子数に等しい。原子の種類（元素に当たる）は、原子番号によって決まり、同じ原子番号でも中性子の数の異なるものがある。原子核中の陽子数と中性子数の和を**質量数**とい

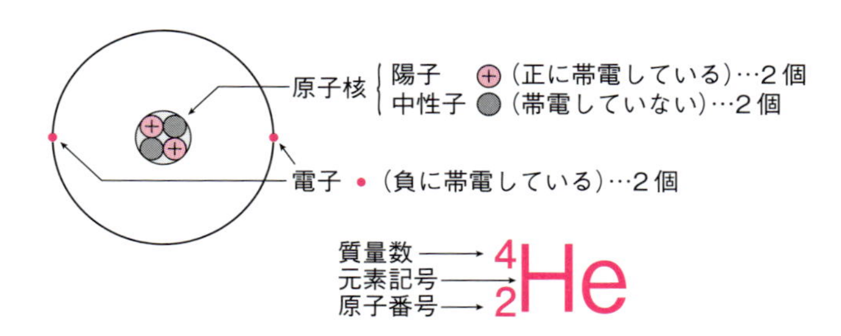

図 1･1　原子の構造（ヘリウム原子の例）

う。軽水素の原子核は陽子１個で、中性子を含まない。中性子を含む水素原子も天然に存在し、重水素といわれるが、原子核を巡る電子の軌道のタイプは同じで、化学的性質はほとんど等しい。軽水素 ^{1}H と重水素 ^{2}H、このほか放射性の三重水素（トリチウム）^{3}H も存在する。

原子核の直径は $1\sim6\times10^{-13}$ cm 程度、原子の直径は 10^{-8} cm 程度であり、隙間の多い構造といえる。陽子と中性子の質量はそれぞれ 1.673×10^{-24} g および 1.675×10^{-24} g、電子の質量は 9.109×10^{-28} g であり、原子の質量のほとんどが原子核の質量である。すなわち原子核の密度は通常の物質の密度よりはるかに大きく、10^{14} g・cm^{-3} または 10^{8} トン・cm^{-3} にもなる。

元素は、物質を構成している原子レベルでの基本成分であり、原子の種類を表す。原子番号を用いて元素を定義すると、「特定の原子番号を持つ原子によって表される物質種」となる。原子と元素を区別して表現する例として、例えば「水分子は水素原子２個と酸素原子１個とからなる」、「水は水素（という元素）と酸素（という元素）からなる」などということが出来る。

原子の種類というと、やや抽象的な印象を受けるが、「元素は同じ原子番号を持つ原子の集まり」のような定義も可能である。ほとんどの元素名は元素とともに単体（後述）をも表す。

なお、軽水素と重水素のように、陽子数が等しく中性子数の異なるもの同士を互いに**同位体**（アイソトープ）または同位元素という*。周期表の中の同じ場所にある元素ということであるが、原子核の種類は異なる。原子核レ

コラム

核分裂生成物

2011年、福島第1原子力発電所の事故が起こり、周辺地域の放射能汚染が深刻な問題となった。この正体とは何物だろうか。事故当初は放射性ヨウ素（主に ^{131}I、半減期8日）が、長期的には放射性セシウム（主に ^{137}Cs、半減期30年）が頻繁に取り上げられている。これらは核分裂生成物といわれる放射性核種であって、^{235}U が中性子によって核分裂した結果生じるものであり、他にも多くの核分裂生成物がある。核燃料のウラン ^{235}U も放射性であるが、半減期が長く（約7億年）、長時間をかけて壊変するのに対し、核分裂生成物は半減期が短く、単位時間に壊変する原子核数が多いので、強い放射能が観察される。核分裂生成物の中で半減期の長い核種には、^{137}Cs の他に ^{90}Sr（半減期28.7年）がある。遅い中性子によるウランの核分裂では ^{90}Sr も ^{137}Cs と同じくらい生成するが、福島の事故ではセシウムが原子炉の外部に多く拡散したのに対し、ストロンチウムはそれほど外部に放出されず、また γ 線を出さないので、問題視されないことが多い。しかし、カルシウムと同じアルカリ土類金属なので、骨などに蓄積する可能性がある。

なお、放射性核種の壊変は温度や圧力に依存せず、時間の関数であって、指数関数で表される。

$$N = N_0 \mathrm{e}^{-\lambda t}$$

N は時間 t における放射能、N_0 は $t=0$ における放射能、λ は放射性核種に固有の壊変定数と呼ばれるもので、半減期 T とは $T=\frac{\ln 2}{\lambda}=\frac{0.693}{\lambda}$ の関係がある（ln は自然対数を表す）。

放射能の単位はベクレル（Bq）で、1秒間に1個の原子が壊変する放射能量が1Bqである。また、原発事故の報道でよく見られるシーベルト（Sv）は、放射線が人体に与える影響を考慮し、被曝の効果を示す量で、被曝線量（線量当量、J/kg）の単位である。

---

* 最近は「同位体」がよく用いられる。ただし、放射線関連の法令では「同位元素」が使われている。

ベルで個々の同位体を区別するときは**核種**という語を用いる。元素は現在、人工元素を含めて110種以上あるが、核種の種類はこれよりはるかに多い。

次に**単体**である。これは1つの元素で出来た化学物質を指す。ダイヤモンドは炭素という元素だけからなるので単体である。グラファイト（黒鉛）も炭素の単体である。この両者は炭素原子の結合状態が異なるため、性質も異なる。

酸素 O_2 とオゾン O_3 のように、結合状態だけでなく構成原子の数も異なる単体もある。また、斜方硫黄と単斜硫黄は、ともに硫黄の単体であるが、結晶内での原子の集合状態が異なる。このように、同じ元素で構成されているが性質の異なる単体を互いに**同素体**であるという。1985年に発見されたフラーレン C_{60} も炭素の同素体である。

硫黄、酸素、水素などの元素名は単体の名称としても使われている。

単体と元素を区別する例を挙げておこう。「水を電気分解すると、酸素と水素が出来る」というときの酸素と水素は化学物質を表すので単体である。一方、「水は酸素と水素からなる」というときの酸素、水素は水の構成成分を指すので元素を意味している。

単体に対して、2種類以上の元素からなる化学物質（混合物でなく純物質）を**化合物**という。

練習問題

1. 次の（1）～（4）の記述の正誤を判定せよ。

（1）1種類の元素からなる純物質を単体といい、2種類以上の元素からなる純物質を化合物という。

（2）酸素とオゾンの混合物は単一元素からなるが、純物質ではない。

（3）ナトリウムの安定同位体（放射性でない同位体）は1種類であるが、カリウムの安定同位体は複数存在する。

(4) 元素名で末尾に -ium の付くものは、全て金属元素である。

2. 次の核種のうち、原子核に含まれる中性子数が同じものを選べ。

(1) ^{29}Si, ^{30}Si, ^{31}P, ^{32}P, ^{32}S, ^{34}S

(2) ^{38}Ar, ^{39}Ar, ^{39}K, ^{40}K, ^{40}Ca, ^{42}Ca

3. 次の (1) ～ (4) の下線の部分は、元素、単体のどちらを意味しているか。

(1) 地殻の質量の 46 %は酸素である。

(2) 塩素はステンレススチールを冒す。

(3) ウランは放射性である。

(4) 臭素は常温で液体である。

4. 次の記述のうち正しいものを選べ。

(1) ^{2}H と ^{3}H は互いに同位体である。

(2) ^{35}Cl と ^{37}Cl は同一元素に属するが、異なる核種である。

(3) CO_2 と CO は互いに同素体である。

(4) ダイヤモンドは炭素の単体であるが、フラーレンは化合物である。

5. 天然のアルゴンは ^{36}Ar, ^{38}Ar, ^{40}Ar の 3 つの同位体からなる。原子質量と存在率を次の表に示す。アルゴンの原子量を求めよ。

	原子質量	存在率 (%)
^{36}Ar	35.97	0.337
^{38}Ar	37.96	0.063
^{40}Ar	39.96	99.60

(注) 原子質量の値は質量数に近いが、陽子と中性子の質量の和とは異なる。原子核の結合エネルギーが存在するため、陽子と中性子の質量の和より小さくなる。

6. 天然の銅は ^{63}Cu と ^{65}Cu の 2 種の同位体からなる。銅の原子量を 63.55 として、^{63}Cu の含有率を求めよ。

7. 本章コラムに示したように、放射性元素の壊変は $N = N_0 e^{-\lambda t}$ で示される。半減期を T とすると、時間 T 経過したとき、放射能は $\frac{1}{2}N_0$ となることを示せ。

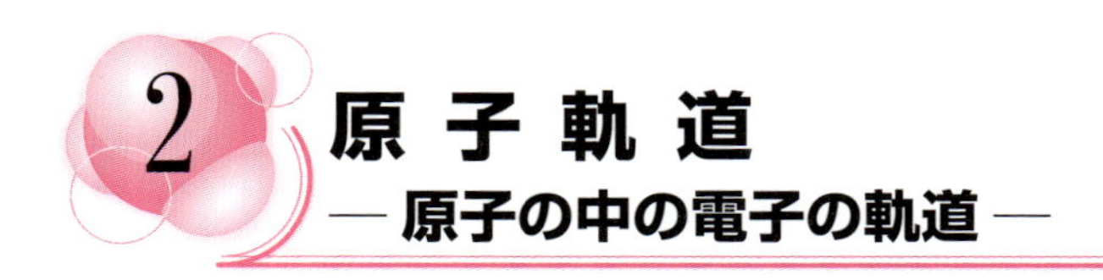

2 原子軌道
— 原子の中の電子の軌道 —

原子の中の電子はいくつかの許された軌道上だけを動く。ここでの知識は、周期表や結合を理解する上での基礎になる。

高校までは、この軌道を同心円で表し、周期表や結合を議論する。

大学では、量子力学の結果を踏まえ、原子の中の電子軌道が、量子数とよばれる整数によって記述され、s, p, d, f などの軌道が区別されることを学ぶ(図 2·3)。また、電子は $\pm\frac{1}{2}$ のスピン状態が区別され、2 つの電子が対(つい)になって安定化することを学ぶ。

高校までは、原子の中の電子は同心円の軌道をまわっていると教えられる。

(1) 原子番号 Z の原子の中心には、$Z \times 1.6 \times 10^{-19}$ C (C：クーロン) の正電荷を持った原子核があり、その周囲を Z 個の 1.6×10^{-19} C の負電荷を持った電子がまわっている。原子は全体としては電気的に中性になる。

(2) 電子は、原子核のまわりを、いくつかの軌道に分かれてまわっている。これは太陽のまわりを地球などの惑星がまわっているのと似ているが、(i) 原子の場合は、電子の軌道が限定されてしまう (その理解は、大学程度の学習として残される) 上、(ii) 1 つの軌道に入る電子の数が制限されていることが天体と違う。

(3) 電子の軌道は内側から、K, L, M, N, … 殻と呼ばれていて、そこに入る電子の最大数は、K 殻に 2 個、L 殻に 8 個、M 殻に 18 個、N 殻に 32 個である。各々の電子殻が満員になったとき安定になる (**閉殻構造**という)。

ただし、M より上の電子殻でも、初めの 8 電子が入ったときに安定になるので、その場合も閉殻と扱うことが多い。

解 説

ナトリウム原子の電子

ナトリウム原子は、K 殻に 2 個、L 殻に 8 個、M 殻に 1 個の電子を持っている。M 殻の電子を放出すると、K 殻、L 殻が閉殻構造になり安定になる。これが、Na が Na イオン (Na^+) になって安定化する理由である。塩素原子 Cl は、K 殻に 2 個、L 殻に 8 個、M 殻に 7 個の電子を持っている。M 殻に 1 個電子を受け入れて、安定な閉殻構造の塩化物イオン Cl^- になろうとする。

(4) 電子は 2 個ずつが対になって安定化する。炭素、窒素などは、共有結合によって他の原子と電子を共有し、閉殻構造を作る (⇒ 4-3 節「共有結合」)。

大学初年級の化学では、ボーア、ド・ブロイ、シュレーディンガーによって発展されてきた**量子力学**の考え方に基づいて、原子・分子の中での電子の振る舞いと、それによって生まれる化学現象が学ばれる。量子力学は「運動している電子は粒子の性質と同時に波の性質を持ち、干渉で波が強め合う場所にしか存在できない」という理論に基づいている。

シュレーディンガーの波動方程式を解くと、原子の中の電子は、**主量子数、方位量子数、磁気量子数、スピン量子数**の 4 つの整数 (スピン量子数だけ半整数) によって決められる特定の軌道 (原子軌道) でしか運行出来ないことが分かる。整数が出てくるのは、波の干渉を表している (p. 13 解説)。

主量子数 (n) は、原子核と電子の間のおおよその距離、したがって、おおよその軌道エネルギーを決めており、1, 2, 3, … と正の整数をとる。

方位量子数 (l) は軌道の形を決めており、とりうる値は主量子数に依存し、$l = 0, 1, 2, \cdots, n-1$ である。同じ主量子数の軌道では、方位量子数の小さな軌道の方がエネルギーが低い。

磁気量子数 (m) は軌道の方向を決めていて、方位量子数 l に依存し、

表 2·1　量子数と原子の中の電子軌道

主量子数 n	方位量子数 l	磁気量子数 m	スピン量子数 s	最大収容電子数
1（K 殻）	0　（1s 軌道）	0	$+\frac{1}{2}$，$-\frac{1}{2}$	2
2（L 殻）	0　（2s 軌道）	0	$+\frac{1}{2}$，$-\frac{1}{2}$	2
	1　（2p 軌道）	−1	$+\frac{1}{2}$，$-\frac{1}{2}$	6
		0	$+\frac{1}{2}$，$-\frac{1}{2}$	
		+1	$+\frac{1}{2}$，$-\frac{1}{2}$	
3（M 殻）	0　（3s 軌道）	0	$+\frac{1}{2}$，$-\frac{1}{2}$	2
	1　（3p 軌道）	−1	（以下省略）	6
		0		
		+1		
	2　（3d 軌道）	−2		10
		−1		
		0		
		+1		
		+2		
4（N 殻）	0　（4s 軌道）	0		2
	1　（4p 軌道）	−1		6
		0		
		+1		
	2　（4d 軌道）	−2		10
		−1		
		0		
		+1		
		+2		
	3　（4f 軌道）	−3		14
		−2		
		−1		
		0		
		+1		
		+2		
		+3		

解説

電子の軌道

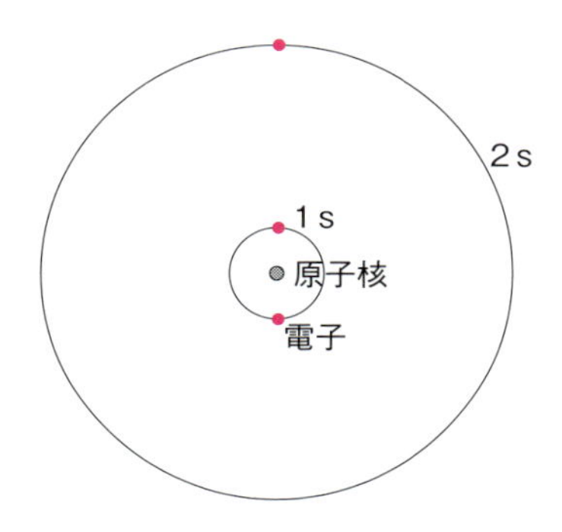

Li 原子では，

$$\frac{2\,\text{s 軌道の半径}}{1\,\text{s 軌道の半径}} \fallingdotseq 12$$

K 殻と L 殻の電子軌道の半径には大きな違いがある．原子番号が大きくなると，原子核の正電荷の増大によって，K 殻の電子は強く原子核に引き付けられ，原子核の近くを高速でまわるようになる．

$$\frac{\text{外殻電子軌道の半径}}{\text{原子核の半径}} \fallingdotseq 10^4 \sim 10^5$$
（数万）

東京ドームのマウンドに置かれたボールを原子核とすると，外殻電子は山手線の線路を走っている．

図 2·1　原子の中の電子の軌道

まず、原子の構造を**図 2·1** にまとめておこう。

ド・ブロイによれば、電子のような微小なものは粒子の性質とともに波の性質を持っていて、波が干渉で強め合う条件を満たす軌道だけが許される。質量 m の微小粒子が速度 v で運動しているとき、その粒子は $\lambda = \dfrac{h}{mv}$ で計算される波長 λ の波の性質を持つ（h はプランク定数）。水素原子核のまわりをまわっている電子もその速度に応じた波長の波を背負っている。電子の軌道に沿って波を当てはめてみると、円周 $2\pi r$（r は電子の軌道の半径）が波の波長の整数倍のとき干渉で波が強め合う。すなわち、

$$2\pi r = n\lambda = n\frac{h}{mv} \quad (n \text{ は正の整数、} 1, 2, \cdots)$$

を満たす軌道だけが許される（**図 2·2**）。

ド・ブロイの理論を精密化したシュレーディンガーの波動方程式によって、原子・分子内の電子の挙動は解明される。それによると、電子の軌道が円軌道だけでなく、いろいろな形のものがあることが分かった。

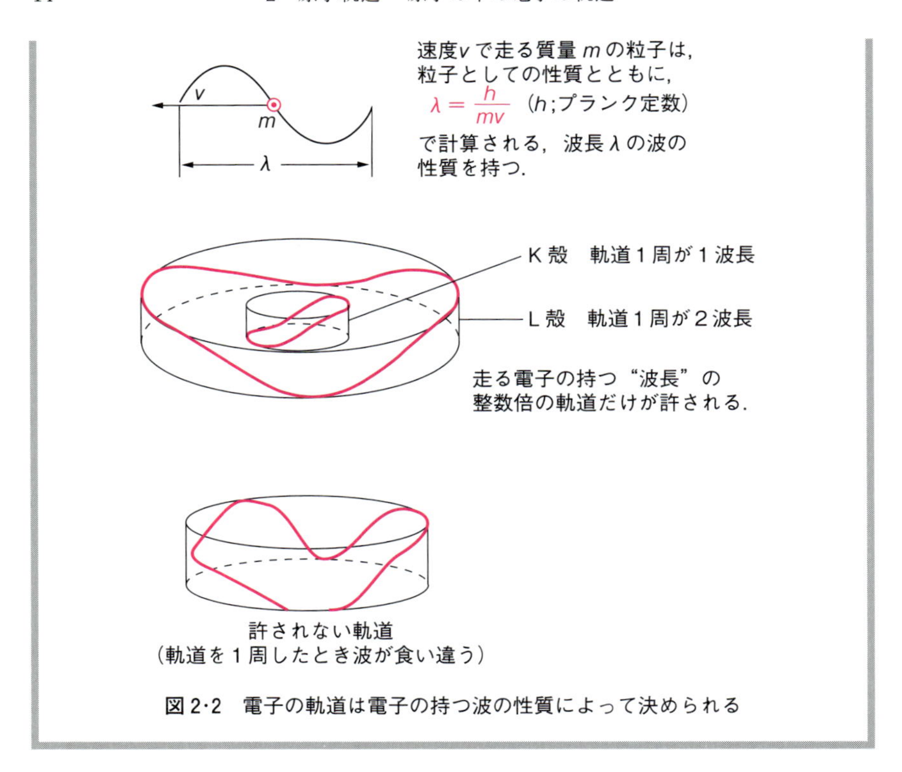

図2·2　電子の軌道は電子の持つ波の性質によって決められる

$m = -l, -l+1, \cdots, 0, 1, \cdots, l-1, l$ の値をとる。磁気量子数の違いは軌道の方向の違いだけなので、同じ主量子数、方位量子数を持った軌道は磁気量子数によらず同じエネルギーを持つ。

スピン量子数 (s) は電子の自転の方向を決めるもので、$+\frac{1}{2}$ と $-\frac{1}{2}$ の2つの値をとる。反対方向に自転する $+\frac{1}{2}$ と $-\frac{1}{2}$ の2つの電子が対になって安定化する。

主量子数1の軌道を全部集めたのがK殻、主量子数2の軌道を全部集めたのがL殻、主量子数3の軌道を全部集めたのがM殻である。

電子の軌道は、高校の教科書で描かれているような円軌道ばかりではない。$l=0$ のs軌道は円軌道（立体的に見ると球軌道）であるが、$l=1$ の

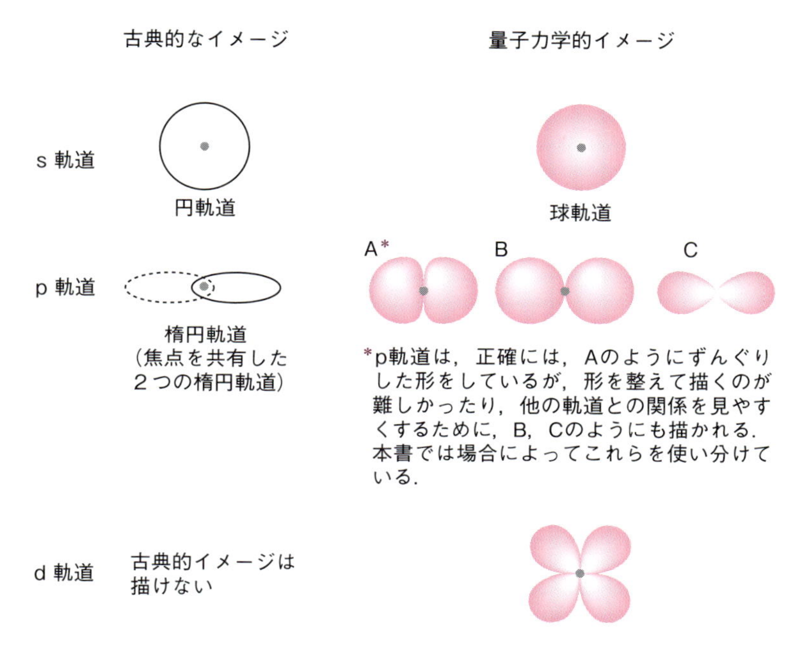

図 2·3　軌道の形

p 軌道は楕円軌道（原子核を焦点の 1 つとして 2 つの楕円が対になっていて、立体的に見ると団子を二つ重ねた形、**図 2·3** の注を参照）で、x 軸、y 軸、z 軸方向に広がって直交している 3 つのものがある（この 3 個は、$m = -1, 0, +1$ に対応している）。

それぞれの軌道に入っている電子のエネルギーは、大局的には主量子数によって決められ、方位量子数によって上下する。

同じエネルギーを持った軌道がいくつかあるとき、それらの軌道は**縮退**（縮重）しているという。p 軌道は 3 重、d 軌道は 5 重に縮退している。

高校では、K 殻に 2 個、L 殻に 8 個、M 殻に 18 個の電子が入ると学んだが、軌道を各種の量子数で分類していくと、n, l, m 3 つの量子数の組で表されるひとつひとつの軌道には、2 個ずつ（ただし 2 個の電子のスピン量子数

解　説

原子軌道のイメージ

高校課程と大学課程の原子軌道のイメージの違いをイラストにしてみよう（図 2･4）。

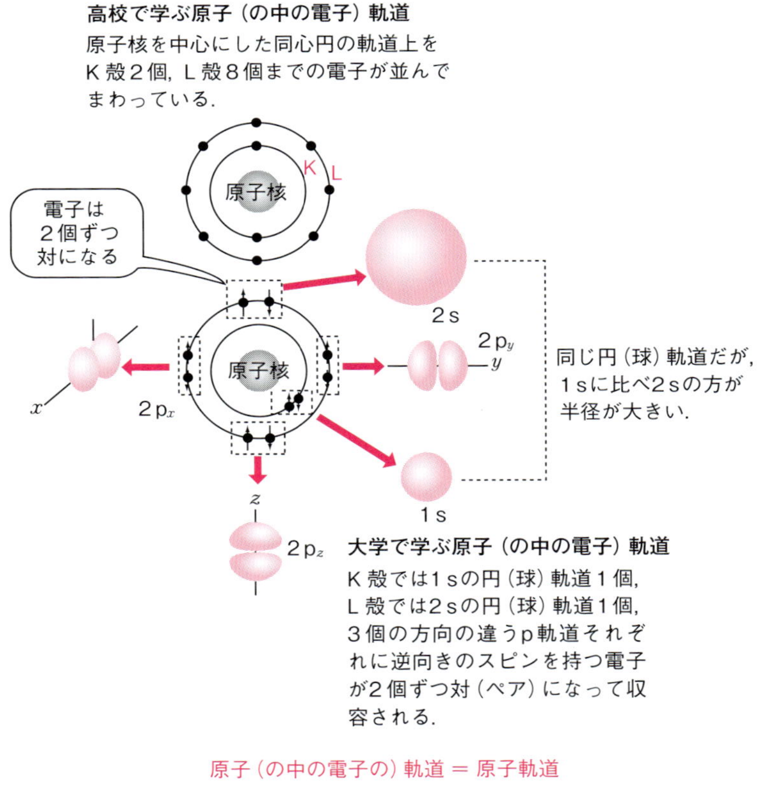

高校で学ぶ原子（の中の電子）軌道
原子核を中心にした同心円の軌道上を K 殻 2 個，L 殻 8 個までの電子が並んでまわっている．

原子核
K
L
電子は 2 個ずつ対になる
2 s
2 p_y
同じ円（球）軌道だが，1 s に比べ 2 s の方が半径が大きい．
2 p_x
1 s
2 p_z

大学で学ぶ原子（の中の電子）軌道
K 殻では 1 s の円（球）軌道 1 個，L 殻では 2 s の円（球）軌道 1 個，3 個の方向の違う p 軌道それぞれに逆向きのスピンを持つ電子が 2 個ずつ対（ペア）になって収容される．

原子（の中の電子の）軌道 ＝ 原子軌道

図 2･4　高校で学ぶ電子の軌道，大学で学ぶ電子の軌道

s は異なる）の電子が収容されることになる。例えば、$n=1$ の K 殻についてみると、$n=1,\ l=0,\ m=0,\ s=+\dfrac{1}{2}$ の量子数の組で表される軌道には 1 つの電子が入る。一方、$n=1,\ l=0,\ m=0,\ s=-\dfrac{1}{2}$ の量子数で表される軌道にも 1 つの電子が入り、K 殻には合計 2 個の電子が収容されること

コラム

NEBULA モデル

原子・電子の世界では、粒子も波の性質を持つようになる。それが電子の挙動の不確定を生み、電子の軌道はぼやけたものになる。電子の居場所は確率的なものになる。原子の中の電子軌道は三次元に広がっているので、紙の上で分布の様子を見るのは難しい。その悩みを解決し、いろいろな軌道の電子の存在確率を目で見えるようにしたのが NEBULA モデルで、ガラスをレーザー光線で“彫刻”し、電子の存在確率を正確に再現している。時田澄男、時田那珂子両氏の労作である。このモデルの一つを四方八方から見て、軌道の特性を理解するのもよいし、モデルを組み合わせて新しい発見を楽しむことも出来よう。

NEBULA モデルは東京上野の国立科学博物館のミュージアムショップで手に入れることが出来る。

図　NEBULA の模型（時田澄男・時田那珂子氏 提供）

になる。電子はエネルギーの低い内側の軌道から順次詰まっていく。原子（元素）の性質は主として、最も外側の軌道にある電子（最もエネルギーの高い電子）の行動によって決まる。

原子内での電子の詰まり方について、重要な法則に**フント則**がある。これは、「同じ形（したがって、同じエネルギー）の縮退した軌道がいくつかあるとき、電子は、初め対を作らないで１個ずつ（それもスピンを揃えて）詰ま

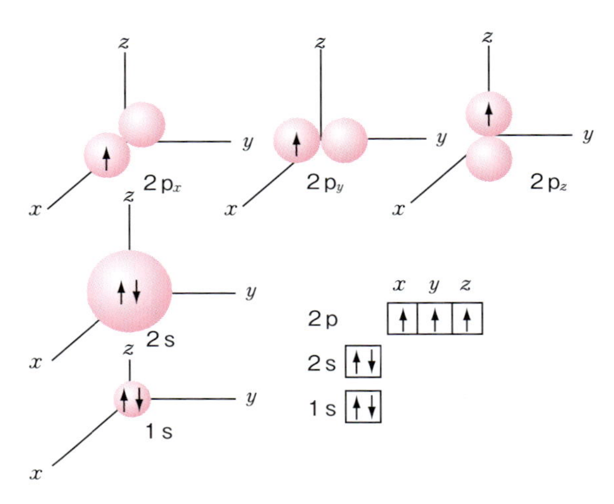

図 2·5　窒素 (N) 原子 (電子数 7) の電子配置

っていく。そして同じ形の軌道の全部に 1 個ずつ電子が入り終わった後で、2 個目の電子がスピンを逆にして対を作りながら詰まっていく。」という規則である (**図 2·5**)。

s 軌道は 1 つしかないのでフント則は問題にならないが、同じエネルギーの p 軌道は 3 つ、d 軌道は 5 つあるので、この規則が適用され、周期律の理解に重要になる (⇒ 第 3 章「元素の周期律」)。

原子の中で電子の動ける軌道 (軌道半径の大きさ、形、方向、したがってエネルギー) がいくつかに決まってしまうことは、原子の放出する (あるいは吸収する) 光の波長を原子に特有なものに限定してしまうことを意味する。例えば、ナトリウム原子から出る光は橙色で、ナトリウムの炎色反応、ナトリウムランプの光そのものである (**図 2·6**)。

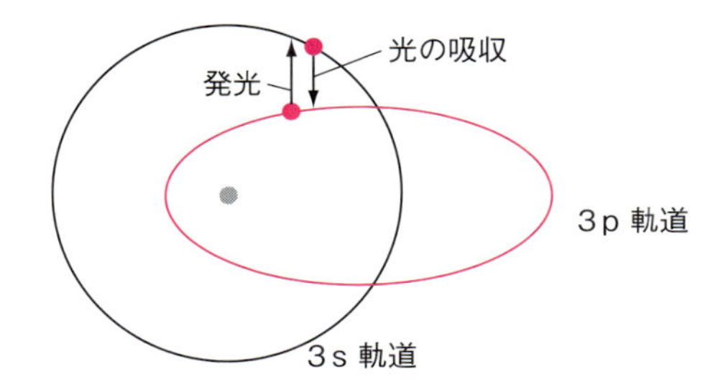

図 2·6　ナトリウム原子の光吸収と発光（炎色反応，ナトリウムランプの光）

解 説

電子の挙動を量子論で理解する

古典的な物理学の理論では、原子の中での電子の運動を説明することが出来ない。荷電した粒子が円運動しようとすると、電波を発振しエネルギーを失いながら、原子核に吸い込まれてしまう。

しかし、現実の原子の中で、電子は一定の軌道をまわっているだけで電波などは発振しない。これは、ミクロの世界ではマクロな世界とは異なる物理法則（量子力学）が支配しているためである（**図 2·7**）。

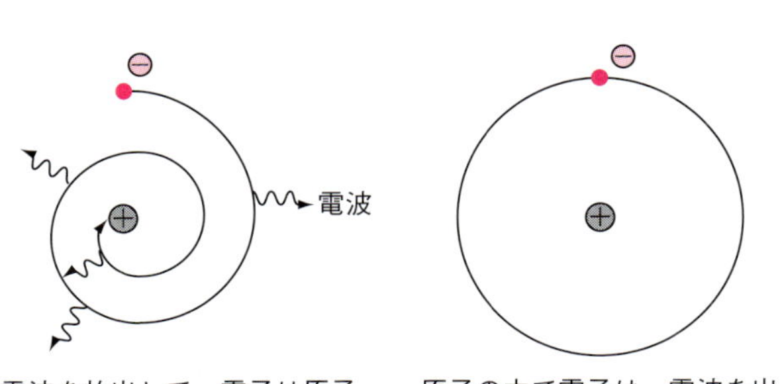

図 2·7　古典論と量子論での電子の挙動の違い

解 説

電子の電荷と質量

電子の電荷は、ファラデー定数 $9.65 \times 10^4\ \mathrm{C \cdot mol^{-1}}$ をアボガドロ定数 $6.02 \times 10^{23}\ \mathrm{mol^{-1}}$ で割ったものである。

$$\frac{9.65 \times 10^4\ \mathrm{C \cdot mol^{-1}}}{6.02 \times 10^{23}\ \mathrm{mol^{-1}}} = 1.6 \times 10^{-19}\ \mathrm{C}$$

水素原子の質量は、水素原子のモル質量 $1\ \mathrm{g \cdot mol^{-1}}$ をアボガドロ定数 $6.02 \times 10^{23}\ \mathrm{mol^{-1}}$ で割ったものである。

$$\frac{1\ \mathrm{g \cdot mol^{-1}}}{6.02 \times 10^{23}\ \mathrm{mol^{-1}}} = 1.67 \times 10^{-24}\ \mathrm{g}$$

電子の質量は、水素原子核（水素原子としてもほとんど同じ）の 1840 分の 1。これから電子の質量もすぐ計算出来る。このような関連を理解していれば、少ない知識を活用して多くのことを理解出来る（**図 2･8**）。

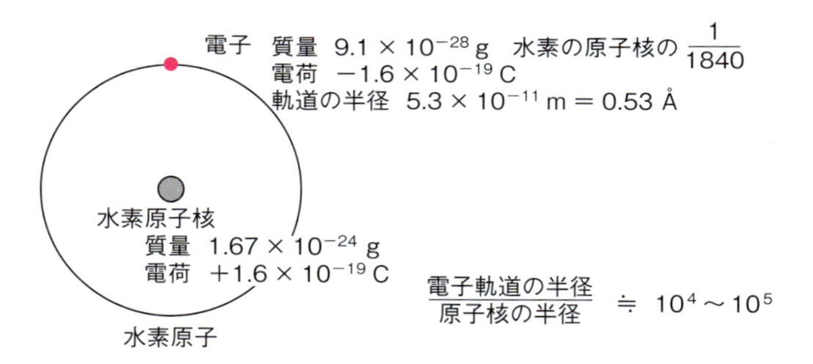

図 2･8 水素原子の構造

練習問題

1. 次の言葉を説明せよ。
主量子数，方位量子数，磁気量子数，スピン量子数，s 軌道，p 軌道

2. 運動する電子が波の性格を持つことと、原子の中の電子の軌道が量子数という整数によって記述されることにはどういう関係があるか。

3. 1000 ボルト (V) の電圧 (E) で加速された電子 (質量：$m = 9.110 \times 10^{-31}$ kg, 電荷 $q = -1.602 \times 10^{-19}$ C) の速度はいかほどか。その電子の担っている波の波長はいかほどか。高速の電子を使った顕微鏡は光学顕微鏡では不可能な小さいものを見ることが出来る理由を考えよ。プランク定数 h の値は 6.626×10^{-34} J s.

4-1. 水素原子の円軌道について、水素原子核と電子の間に働く静電気力 $\dfrac{e^2}{4\pi\varepsilon_0 r^2}$ と遠心力 $\dfrac{mv^2}{r}$ の釣り合いから、その軌道の電子の速度を表す式を導け。また、その速度からド・ブロイ波の波長を計算し、円周が波長に等しくなるときの軌道半径を表す式を導け。n が 1, 2, 3… と増すにつれて、r はどのように変化するか。

4-2. 問題 **4-1** の計算の過程で、電子の運動エネルギーと静電エネルギー $-\dfrac{e^2}{4\pi\varepsilon_0 r}$ の関係を示すものが現れている。それを示せ。

4-3. 問題 **4-2** の結果を用いて、水素原子の中の電子の運動エネルギーと静電エネルギーとの和 (全エネルギー) を求めよ。n が 1, 2, 3… と増すにつれて、全エネルギーはどのように変化するか。

4-4. 中心の正電荷が $+Ze$ (Z は原子番号に相当) であったとき、水素原子のときに比較して電子軌道半径はどのように変化するか。

5. 水素原子の電子が水素の原子核 (陽子) に吸収されると中性子になる。このようにして出来る中性子星 (ブラックホール) の密度はおおよそいかほどか。中性子の半径を 1.4×10^{-15} m として計算せよ。

3 元素の周期律

量子力学によって、元素の周期性がかなり良く理解されるようになった。周期律は化学全般、とくに全ての元素を扱う無機化学の原点である。

高校で、周期律の基本は電子配置であることを学習する。原子の電子殻には K, L, M 殻などがある。典型元素、遷移元素の区別があって、その一般的な性質にも触れている（「化学基礎」、「化学」）。

大学では、4つの量子数を基本に、電子殻の構造を学び、電子配置の理解をより深める。周期性や典型元素、遷移元素の違いを明らかにする。一方、金属元素、非金属元素や、イオン結合、共有結合など、高校で違いを強調して述べられていた事項にもある種の曖昧さ（対照的な性質を併せ持つこと）があること を述べる。

3-1 周期性と元素の性質

元素の性質（特に化学的性質）は原子番号につれて周期的に変化する。この元素の周期律、それに基づいて、性質のよく似た元素が同じ縦の列に並ぶように配列した元素の周期表は、化学を学ぶ上での基本的知識である。

元素を原子番号の順に並べると、性質のよく似た元素が周期的に現れる。これが**元素の周期律**である。元素の性質は、最外殻にある電子の数（**価電子数**）と密接に関連する。価電子数は原子番号とともに周期的に変化するので、元素の周期律が成立する（**図 3･1** および**図 3･2**）。

原子番号 → 1H ← 元素記号
1.008 ← 原子量
水素

周期＼族	1	2	3	4	5	6	7	8	9	10	11	12	13	14	15	16	17	18
1	1H 1.008 水素																	2He 4.003 ヘリウム
2	3Li 6.941 リチウム	4Be 9.012 ベリリウム											5B 10.81 ホウ素	6C 12.01 炭素	7N 14.01 窒素	8O 16.00 酸素	9F 19.00 フッ素	10Ne 20.18 ネオン
3	11Na 22.99 ナトリウム	12Mg 24.31 マグネシウム											13Al 26.98 アルミニウム	14Si 28.09 ケイ素	15P 30.97 リン	16S 32.07 硫黄	17Cl 35.45 塩素	18Ar 39.95 アルゴン
4	19K 39.10 カリウム	20Ca 40.08 カルシウム	21Sc 44.96 スカンジウム	22Ti 47.87 チタン	23V 50.94 バナジウム	24Cr 52.00 クロム	25Mn 54.94 マンガン	26Fe 55.85 鉄	27Co 58.93 コバルト	28Ni 58.69 ニッケル	29Cu 63.55 銅	30Zn 65.38 亜鉛	31Ga 69.72 ガリウム	32Ge 72.63 ゲルマニウム	33As 74.92 ヒ素	34Se 78.97 セレン	35Br 79.90 臭素	36Kr 83.80 クリプトン
5	37Rb 85.47 ルビジウム	38Sr 87.62 ストロンチウム	39Y 88.91 イットリウム	40Zr 91.22 ジルコニウム	41Nb 92.91 ニオブ	42Mo 95.95 モリブデン	43Tc (99) テクネチウム	44Ru 101.1 ルテニウム	45Rh 102.9 ロジウム	46Pd 106.4 パラジウム	47Ag 107.9 銀	48Cd 112.4 カドミウム	49In 114.8 インジウム	50Sn 118.7 スズ	51Sb 121.8 アンチモン	52Te 127.6 テルル	53I 126.9 ヨウ素	54Xe 131.3 キセノン
6	55Cs 132.9 セシウム	56Ba 137.3 バリウム	57〜71 ランタノイド元素	72Hf 178.5 ハフニウム	73Ta 180.9 タンタル	74W 183.8 タングステン	75Re 186.2 レニウム	76Os 190.2 オスミウム	77Ir 192.2 イリジウム	78Pt 195.1 白金	79Au 197.0 金	80Hg 200.6 水銀	81Tl 204.4 タリウム	82Pb 207.2 鉛	83Bi 209.0 ビスマス	84Po (210) ポロニウム	85At (210) アスタチン	86Rn (222) ラドン
7	87Fr (223) フランシウム	88Ra (226) ラジウム	89〜103 アクチノイド元素	104Rf (267) ラザホージウム	105Db (268) ドブニウム	106Sg (271) シーボーギウム	107Bh (272) ボーリウム	108Hs (277) ハッシウム	109Mt (276) マイトネリウム	110Ds (281) ダームスタチウム	111Rg (280) レントゲニウム	112Cn (285) コペルニシウム	113Nh (284) ニホニウム	114Fl (289) フレロビウム	115Mc (288) モスコビウム	116Lv (293) リバモリウム	117Ts (293) テネシン	118Og (294) オガネソン

ランタノイド	57La 138.9 ランタン	58Ce 140.1 セリウム	59Pr 140.9 プラセオジム	60Nd 144.2 ネオジム	61Pm (145) プロメチウム	62Sm 150.4 サマリウム	63Eu 152.0 ユウロピウム	64Gd 157.3 ガドリニウム	65Tb 158.9 テルビウム	66Dy 162.5 ジスプロシウム	67Ho 164.9 ホルミウム	68Er 167.3 エルビウム	69Tm 168.9 ツリウム	70Yb 173.1 イッテルビウム	71Lu 175.0 ルテチウム
アクチノイド	89Ac (227) アクチニウム	90Th 232.0 トリウム	91Pa 231.0 プロトアクチニウム	92U 238.0 ウラン	93Np (237) ネプツニウム	94Pu (239) プルトニウム	95Am (243) アメリシウム	96Cm (247) キュリウム	97Bk (247) バークリウム	98Cf (252) カリホルニウム	99Es (252) アインスタイニウム	100Fm (257) フェルミウム	101Md (258) メンデレビウム	102No (259) ノーベリウム	103Lr (262) ローレンシウム

注　天然で特定の同位体組成を示さない元素については，その元素の放射性同位体の質量数の一例をカッコ内に示した．

図 3·1　元素の周期表（長周期型）

最外殻の電子配置

	1	2	3	4	5	6	7	8	9	10	11	12	13	14	15	16	17	18
1	$_{1}$H $1s^1$																	$_{2}$He $1s^2$
2	$_{3}$Li $2s^1$	$_{4}$Be $2s^2$											$_{5}$B $2p^1$	$_{6}$C $2p^2$	$_{7}$N $2p^3$	$_{8}$O $2p^4$	$_{9}$F $2p^5$	$_{10}$Ne $2p^6$
3	$_{11}$Na $3s^1$	$_{12}$Mg $3s^2$											$_{13}$Al $3p^1$	$_{14}$Si $3p^2$	$_{15}$P $3p^3$	$_{16}$S $3p^4$	$_{17}$Cl $3p^5$	$_{18}$Ar $3p^6$
4	$_{19}$K $4s^1$	$_{20}$Ca $4s^2$	$_{21}$Sc $4s^23d^1$	$_{22}$Ti $4s^23d^2$	$_{23}$V $4s^23d^3$	$_{24}$Cr $4s^13d^5$	$_{25}$Mn $4s^23d^5$	$_{26}$Fe $4s^23d^6$	$_{27}$Co $4s^23d^7$	$_{28}$Ni $4s^23d^8$	$_{29}$Cu $4s^13d^{10}$	$_{30}$Zn $4s^23d^{10}$	$_{31}$Ga $4p^1$	$_{32}$Ge $4p^2$	$_{33}$As $4p^3$	$_{34}$Se $4p^4$	$_{35}$Br $4p^5$	$_{36}$Kr $4p^6$
5	$_{37}$Rb $5s^1$	$_{38}$Sr $5s^2$	$_{39}$Y $5s^24d^1$	$_{40}$Zr $5s^24d^2$	$_{41}$Nb $5s^14d^4$	$_{42}$Mo $5s^14d^5$	$_{43}$Tc $5s^24d^5$	$_{44}$Ru $5s^14d^7$	$_{45}$Rh $5s^14d^8$	$_{46}$Pd $5s^04d^{10}$	$_{47}$Ag $5s^14d^{10}$	$_{48}$Cd $5s^24d^{10}$	$_{49}$In $5p^1$	$_{50}$Sn $5p^2$	$_{51}$Sb $5p^3$	$_{52}$Te $5p^4$	$_{53}$I $5p^5$	$_{54}$Xe $5p^6$
6	$_{55}$Cs $6s^1$	$_{56}$Ba $6s^2$	57~71 ランタノイド元素	$_{72}$Hf $6s^25d^2$	$_{73}$Ta $6s^25d^3$	$_{74}$W $6s^25d^4$	$_{75}$Re $6s^25d^5$	$_{76}$Os $6s^25d^6$	$_{77}$Ir $6s^25d^7$	$_{78}$Pt $6s^15d^9$	$_{79}$Au $6s^15d^{10}$	$_{80}$Hg $6s^25d^{10}$	$_{81}$Tl $6p^1$	$_{82}$Pb $6p^2$	$_{83}$Bi $6p^3$	$_{84}$Po $6p^4$	$_{85}$At $6p^5$	$_{86}$Rn $6p^6$
7	$_{87}$Fr $7s^1$	$_{88}$Ra $7s^2$	89~103 アクチノイド元素	$_{104}$Rf	$_{105}$Db	$_{106}$Sg	$_{107}$Bh	$_{108}$Hs	$_{109}$Mt	$_{110}$Ds	$_{111}$Rg	$_{112}$Cn	$_{113}$Nh	$_{114}$Fl	$_{115}$Mc	$_{116}$Lv	$_{117}$Ts	$_{118}$Og

ランタノイド	$_{57}$La $6s^25d^1$	$_{58}$Ce $5d^04f^2$ $6s^2$	$_{59}$Pr $5d^04f^3$ $6s^2$	$_{60}$Nd $5d^04f^4$ $6s^2$	$_{61}$Pm $5d^04f^5$ $6s^2$	$_{62}$Sm $5d^04f^6$ $6s^2$	$_{63}$Eu $5d^04f^7$ $6s^2$	$_{64}$Gd $5d^14f^7$ $6s^2$	$_{65}$Tb $5d^04f^9$ $6s^2$	$_{66}$Dy $5d^04f^{10}$ $6s^2$	$_{67}$Ho $5d^04f^{11}$ $6s^2$	$_{68}$Er $5d^04f^{12}$ $6s^2$	$_{69}$Tm $5d^04f^{13}$ $6s^2$	$_{70}$Yb $5d^04f^{14}$ $6s^2$	$_{71}$Lu $5d^14f^{14}$ $6s^2$
アクチノイド	$_{89}$Ac $7s^26d^1$	$_{90}$Th $6d^25f^0$ $7s^2$	$_{91}$Pa $6d^15f^2$ $7s^2$	$_{92}$U $6d^15f^3$ $7s^2$	$_{93}$Np $6d^15f^4$ $7s^2$	$_{94}$Pu $6d^05f^6$ $7s^2$	$_{95}$Am $6d^05f^7$ $7s^2$	$_{96}$Cm $6d^15f^7$ $7s^2$	$_{97}$Bk $6d^05f^9$ $7s^2$	$_{98}$Cf $6d^05f^{10}$ $7s^2$	$_{99}$Es $6d^05f^{11}$ $7s^2$	$_{100}$Fm $6d^05f^{12}$ $7s^2$	$_{101}$Md $6d^05f^{13}$ $7s^2$	$_{102}$No $6d^05f^{14}$ $7s^2$	$_{103}$Lr $6d^15f^{14}$ $7s^2$

電気陰性度
（AllredとRochowによる，1958）

	1	2	3	4	5	6	7	8	9	10	11	12	13	14	15	16	17	18
1	$_{1}$H 2.20																	$_{2}$He
2	$_{3}$Li 0.97	$_{4}$Be 1.47											$_{5}$B 2.01	$_{6}$C 2.50	$_{7}$N 3.07	$_{8}$O 3.50	$_{9}$F 4.10	$_{10}$Ne
3	$_{11}$Na 1.01	$_{12}$Mg 1.23											$_{13}$Al 1.47	$_{14}$Si 1.74	$_{15}$P 2.06	$_{16}$S 2.44	$_{17}$Cl 2.83	$_{18}$Ar
4	$_{19}$K 0.91	$_{20}$Ca 1.04	$_{21}$Sc 1.20	$_{22}$Ti 1.32	$_{23}$V 1.45	$_{24}$Cr 1.56	$_{25}$Mn 1.60	$_{26}$Fe 1.64	$_{27}$Co 1.70	$_{28}$Ni 1.75	$_{29}$Cu 1.75	$_{30}$Zn 1.66	$_{31}$Ga 1.82	$_{32}$Ge 2.02	$_{33}$As 2.20	$_{34}$Se 2.48	$_{35}$Br 2.74	$_{36}$Kr
5	$_{37}$Rb 0.89	$_{38}$Sr 0.99	$_{39}$Y 1.11	$_{40}$Zr 1.22	$_{41}$Nb 1.23	$_{42}$Mo 1.30	$_{43}$Tc 1.36	$_{44}$Ru 1.42	$_{45}$Rh 1.45	$_{46}$Pd 1.35	$_{47}$Ag 1.42	$_{48}$Cd 1.46	$_{49}$In 1.49	$_{50}$Sn 1.72	$_{51}$Sb 1.82	$_{52}$Te 2.01	$_{53}$I 2.21	$_{54}$Xe
6	$_{55}$Cs 0.86	$_{56}$Ba 0.97	57~71 ランタノイド元素	$_{72}$Hf 1.23	$_{73}$Ta 1.33	$_{74}$W 1.40	$_{75}$Re 1.46	$_{76}$Os 1.52	$_{77}$Ir 1.55	$_{78}$Pt 1.44	$_{79}$Au 1.42	$_{80}$Hg 1.44	$_{81}$Tl 1.44	$_{82}$Pb 1.55	$_{83}$Bi 1.67	$_{84}$Po 1.76	$_{85}$At 1.96	$_{86}$Rn
7	$_{87}$Fr 0.86	$_{88}$Ra 1.0	89~103 アクチノイド元素	$_{104}$Rf	$_{105}$Db	$_{106}$Sg	$_{107}$Bh	$_{108}$Hs	$_{109}$Mt	$_{110}$Ds	$_{111}$Rg	$_{112}$Cn	$_{113}$Nh	$_{114}$Fl	$_{115}$Mc	$_{116}$Lv	$_{117}$Ts	$_{118}$Og

ランタノイド	$_{57}$La 1.03	$_{58}$Ce 1.06	$_{59}$Pr 1.07	$_{60}$Nd 1.07	$_{61}$Pm 1.07	$_{62}$Sm 1.07	$_{63}$Eu 1.01	$_{64}$Gd 1.11	$_{65}$Tb 1.10	$_{66}$Dy 1.10	$_{67}$Ho 1.10	$_{68}$Er 1.11	$_{69}$Tm 1.11	$_{70}$Yb 1.06	$_{71}$Lu 1.14
アクチノイド	$_{89}$Ac 1.0	$_{90}$Th 1.1	$_{91}$Pa 1.1	$_{92}$U 1.2	$_{93}$Np 1.2	$_{94}$Pu 1.2	$_{95}$Am 1.2	$_{96}$Cm 1.2	$_{97}$Bk 1.2	$_{98}$Cf 1.2	$_{99}$Es 1.2	$_{100}$Fm 1.2	$_{101}$Md 1.2	$_{102}$No	$_{103}$Lr

図 3·2　最外殻の電子配置と電気陰性度

周期表では、縦に並ぶ元素の一群を**族**といい、1 族から 18 族までである。1 族には、1 価の陽イオンになりやすい水素（非金属元素）や、ナトリウム、カリウムなどのアルカリ金属元素が並び、17 族には、1 価の陰イオンになりやすい塩素、臭素などのハロゲンが並ぶ。また、周期表の横の行を**周期**とよび、現在第7周期まで知られている。

1～2族および12～18族を**典型元素**といい、それ以外の族の元素を**遷移元素**という（これらの一般的性質についてはp.29で述べる）。

原子軌道の項で述べられた通り、原子の中での各電子のエネルギー状態は、主量子数（n）、方位量子数（l）、磁気量子数（m）およびスピン量子数（s）という4つの量子数で決まる[*1]。そして、$l=0$の状態の電子をs電子、$l=1$の電子をp電子、$l=2$の電子をd電子、$l=3$の電子をf電子という。$n=1, l=0$の電子は1s電子、$n=2, l=1$の電子は2p電子などと書かれる。また、パウリによれば、1つの原子の中では、4つの量子数が全て同じであることはない。たとえていえば、同じ電話局番の中では、4桁の数字が特定の個人に対応するようなものである。この**パウリの排他原理**によれば、n, l, mで決まる各軌道には、スピンの異なる2個の電子しか入ることが出来ない。そして原子内の電子は、エネルギーの低い軌道から順に配置されていく。基本的には軌道のエネルギーは、$n+l$の値の小さいものほど低く、この値が同じ場合は、nの小さいものの方が低い。例えば、4s軌道（$n+l=4+0=4$）は3p（$n+l=3+1=4$）よりエネルギーが高いが、3d（$n+l=3+2=5$）よりは低い（**図3·3**）。

そこで、原子の電子配置（基底状態の電子配置）を少し具体的に見ていこう。原子番号（Z）1のHの唯一の電子は1sに入り、$Z=2$のHeは、2個の電子が1sに入る。この2個の電子のスピンは逆向き（$+\frac{1}{2}$と$-\frac{1}{2}$）である。K殻はこれで満員で、$Z=3$のLiでは、3個目の電子は2sに入る。Beは2sに2個、つまり$1s^2 2s^2$（s^2はsに2個の電子が入ることを表す。以下同じ）である。Bは$1s^2 2s^2 2p^1$、Cは$1s^2 2s^2 2p^2$である。p軌道は定員6なので、$Z=10$のNeで$1s^2 2s^2 2p^6$となって、L殻が完成する。次のNa

---

*1 各量子数のとりうる値は第2章「原子軌道」参照のこと。

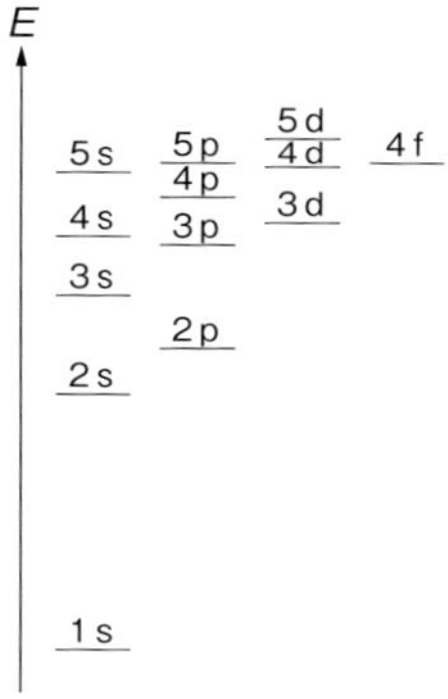

図 3·3 一般の原子のエネルギー準位

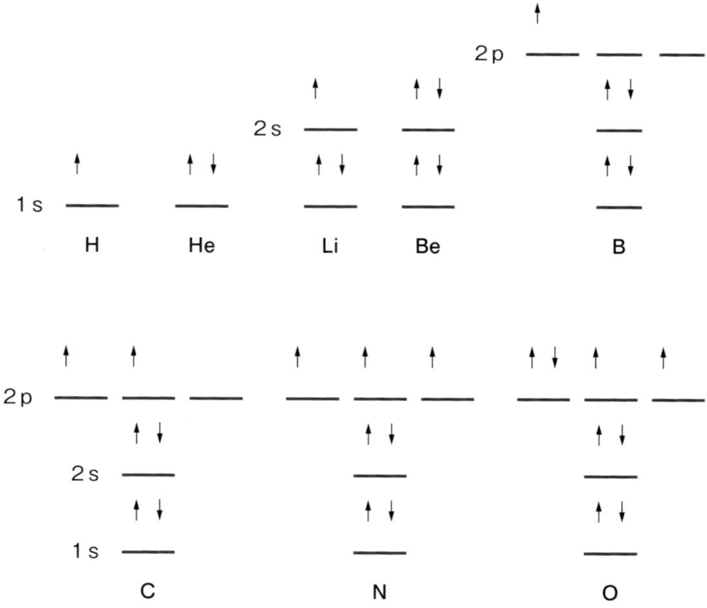

図 3·4 軌道への電子の詰まり方
↑↓はスピンが逆向きの電子を表す。

は、3sに1個の電子が入り、最外殻に1個の電子ということで、Liと同様の電子配置となる。この2元素は、周期表上でアルカリ金属元素に属し、化学的性質が似ている。このようにして、電子配置と周期律とが関係付けられる（**図3·4**）。

NaからArまでM殻に1つずつ電子が増えていき、Arの最外殻は$3s^2$ $3p^6$となり、Neと同様になる。次のK、Caは、3dでなく4s（N殻）に入り、その次のScから3dに入り始める。d軌道は定員10であるので、Sc以降のいくつかの元素はN殻に電子を残したまま、M殻の残りを埋めていくことになる。この3d軌道を電子が埋めていく過程の元素がいわゆる第一遷移元素で、Cr, Mn, Fe, Co, Ni, Cuなど、代表的な重金属である。一般にdやf軌道に電子が詰められる過程の元素が遷移元素で、最外殻がs^2またはs^1であり、周期表上での遷移元素の「横の類似」に関係している（**図3·5**）。

第二遷移元素はY（$Z=39$）からAg（$Z=47$）まで、第三遷移元素はLa（$Z=57$）からAu（$Z=79$）、第四遷移元素はAc（$Z=89$）からRg（$Z=111$）となる。このうち、4f（または5d）軌道が埋められていく元素群が**ランタノイド**、5f（または6d）軌道に電子が入っていく元素群が**アクチノイド**とよばれ、それぞれ15元素あって、性質が酷似しており、周期表でも欄外に別扱いになっている。ランタノイドでは最外殻が6s、アクチノイドでは

図3·5　遷移元素
■で示した元素がそれに当たる。

コラム

メンデレーエフとマイヤー

「化学基礎」では周期律の発見者としてメンデレーエフの名のみが挙げられている場合が多い。しかし、元素を原子量の順（原子番号でなく）に並べると、似た性質の元素が周期的に現れることに気づいていた人は複数居り、メンデレーエフだけではなかった。ドイツのマイヤーもその一人であった。1870年、彼は原子量と原子体積の関係を曲線で表し、周期的な関係を認めた。元素の化学的性質についても、時にはメンデレーエフよりも正確な結果を公表している。しかし、未発見元素の性質についての予測ではメンデレーエフがはるかに進んでいた。

周期律はやがて「原子量」順でなく、「原子番号」順が正しいことが分かったが、原子番号の物理学的意味がはっきりしたのは、後年のことである。

周期律が最初に発表されたころは、希ガス類は発見されておらず、希ガスの発見で「周期律」は一時危機を迎えた。何物とも化合しない元素はそれまでなかったからである。その後、ランタノイドの元素数が不明で周期律は再び危機を迎えたが、量子力学の発展などに支えられて今日では有力な化学の基本則となった。

7s であり、これらは**内遷移元素**とよばれることがある。遷移元素は全て金属元素である。金属元素は、一般に単体が金属の性質を持っている。また、陽イオンになりやすい。遷移金属に対して、原子番号が増えるにつれて、s 軌道や p 軌道が順に埋まっていく元素は典型元素と呼ばれ、約 40 種で、そのほぼ半分が非金属元素、半分が金属元素である。

長周期の周期表[*2]で、13 族から 17 族の間で、B-Si-As-Te-At を結んで非金属元素、Al-Ge-Sb-Po を結ぶ線を金属元素としているものが多い。しかし元素によってはこの区別が明確でないものもある（⇒ 3·2 節「無機化学と無機化合物」）。

[*2] 日本の高校では長周期の周期表しか教えないが、短周期の周期表を用いている国もあり、それぞれ一長一短がある。国際純正応用化学連合（IUPAC）でも両方の形式の周期表が認められている。

典型元素の一般的性質

(1) 各周期では、原子番号が増えると、次第に非金属性が強くなる。

(2) 同族元素は価電子数が等しいので、互いに化学的性質が類似する。原子番号が大きい（周期表の下の）元素ほど金属性が強くなる。

(3) イオンは閉殻構造となり、水溶液中では無色である。

遷移元素の一般的性質

(1) 典型元素の金属元素（アルカリ金属元素、アルカリ土類金属元素など）に比べて、単体は一般に沸点や融点が高い。密度も大きいものが多く、ほとんどが重金属（比重 4 以上）である。d 軌道が満員に近付くにつれて、沸点・融点が低くなる（不対電子数が減って共有結合を作らなくなる）。

(2) 複数の酸化数を持つものが多く、変わりやすい。d 遷移元素の原子は、最外殻に 2 個の電子を持つものが多く、酸化数も +Ⅱ を持つものが多いが、内側の d 軌道の電子も放出されやすく、+Ⅱ 以外の酸化数を持つ場合がある。

(3) 水溶液中で有色のイオンを持つものが多い（囲み解説参照）。

解 説

遷移元素金属イオンの色

化合物やイオンが有色であるということは、可視光の一部を吸収しているということである。光を吸収して、電子は低いエネルギー準位から高いエネルギー準位に移る可能性がある。可視光を吸収するには、エネルギー準位の差が可視光のエネルギー範囲になければならない。孤立した遷移元素の原子の d 軌道は縮退しているが、化合物中の原子では周囲の分子やイオン（配位子）の影響で d 軌道は分裂する。この分裂した d 軌道のエネルギー差によって可視光の吸収が起こる。

3-2　無機化学と無機化合物

古くからの化学の分類に無機化学と有機化学がある。生物の身体を構成する化合物や生物によって作られるものが有機物で、歴史的には有機物を扱う化学が有機化学であったが、現在は炭素原子を骨格とする化合物が有機化合物で、高校でもそのように教わる。一方、昔から岩石や空気や海水など有機物以外の物質を無機物といっていた。無機物を扱う化学が無機化学である。化学の英語名は chemistry であるが、その語源は一説には古代ギリシャ語で、「金属を溶かし鋳造(ちゅうぞう)する」という意味の khimiya であるという。現在でも、金属やその化合物の化学は無機化学の主要な分野である。19 世紀に有機化学が発展してきた後は、無機化学は有機化学や物理化学以外の領域として、分析化学とともに区分けされてきた感がある。しかし時代とともに無機化学も大きく変貌し、その対象は金属およびその化合物、非金属およびその化合物など、100 種以上知られる全ての元素が関わる物質であり、有機金属化合物なども含めれば、有機化学との境界すら失われつつあるといえる。ここでは、周期表上の元素の分類に基づいて無機化合物を分類してみる。

非金属元素の単体と化合物

水素および周期表の右側、とくにその上方の元素が関係する（**図 3･6**）。非

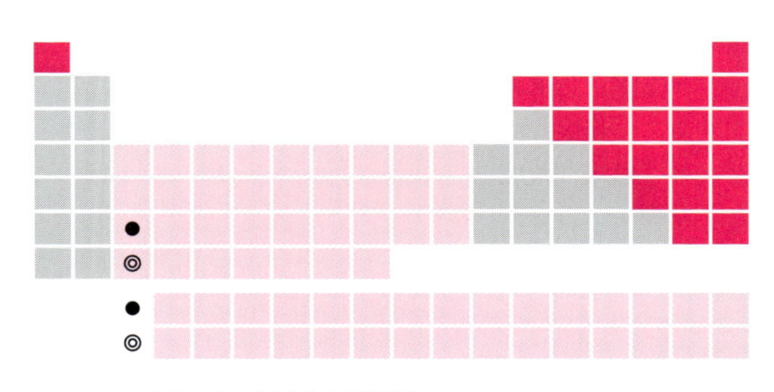

図 3･6　典型非金属元素
■で示した元素がそれに当たる。

金属元素の単体は希ガスや酸素、窒素などの気体や、硫黄、リンなどの分子結晶であり、例外が常温で液体の臭素である。炭素の同素体には、共有結合の結晶や、フラーレンのような分子がある。非金属元素同士の化合物は共有結合性の分子である場合が多い。水、二酸化炭素、二酸化ケイ素（共有結合の結晶）などである。酸素とケイ素は地殻での存在度（質量パーセント）が1、2位を占めており、また、生物体の構成元素は酸素、炭素、水素が多い。

金属元素と非金属元素の境界にある元素の単体と化合物

長周期型周期表で、ホウ素、ケイ素、ヒ素、テルルの下側を通る線で金属元素と非金属元素との境界とすることが古くから行われている。これは便宜的なもので、境界は明確なものとは言い難い。例えばスズは金属元素に分類されるが、単体が金属性、非金属性いずれの変態も持っている。白色スズは金属性を示す結晶であるが、低温で安定な灰色スズは非金属性である（コラム参照）。また、ケイ素やゲルマニウムの単体は金属と非金属の中間で、半導体として実用上極めて重要である。しかし上の分類ではケイ素は非金属元素、ゲルマニウムは金属元素となる。

コラム

スズの性質

室温におけるスズは白色スズ（β-Sn）であり、展性・延性に富む金属であるが、13.2℃以下に長時間放置すると、もろくて非金属性の灰色スズ（α-Sn）に変わっていく。ナポレオンの軍隊がロシアの原野で、ロシア軍と戦って敗走するとき、兵士のスズ製のボタンが粉状の灰色スズになって取れてしまったといわれる。

13族のアルミニウム、ガリウム、インジウムと15族のリン、ヒ素、アンチモンの間には、モル比1：1の化合物が出来る。これらもケイ素やゲルマニウムに似た半導体である。

典型金属元素の単体と化合物

ここで対象となるのは、周期表上で1, 2, 12, 13族の各元素、14, 15族の下

コラム

ガリウムと発光ダイオード

13 族の Al, Ga, In と 15 族の N, P, As, Sb とが作る化合物は、電子工学への応用で研究されているが、Ga は発光ダイオード（LED）の市場での主役といってよい。$GaAs_{1-x}P_x$ は、$x \sim 0.4$ では赤色光（$\lambda = 650$ nm）、$x > 0.4$ ではさらに短波長となり、GaP（$x = 1$）では緑色光（$\lambda = 550$ nm）となる。青色 LED の実用化は遅れていたが、窒化ガリウム GaN の高品質の結晶（少量の In を含む）および GaN 系の p 型半導体（n 型半導体は比較的作りやすい）、さらに結晶欠陥の少ない GaN が日本人研究者によって作られ、赤、青、緑の光の三原色が揃い、白色光も実現された。LED 電球は白熱灯や蛍光灯に比べて加熱や放電に電力を使わないため、消費電力が少ないという利点がある。

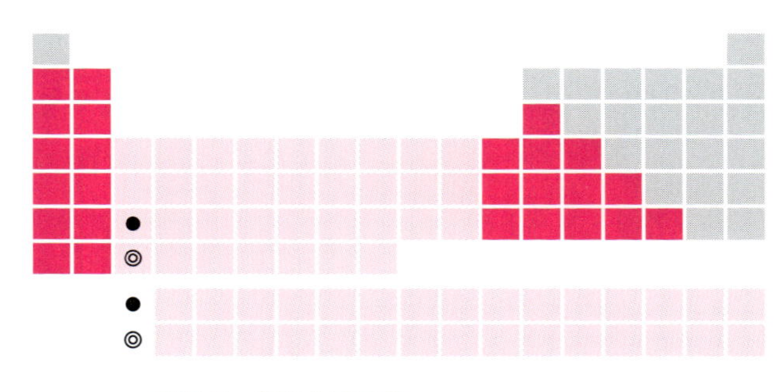

図 3·7　典型金属元素
■で示した元素がそれに当たる。

の方の元素である（**図 3·7**）。単体は融点の低い軟らかい金属（水銀は液体）である。また、典型元素の特徴として、族に定まった酸化数を持つ化合物を作り、それらの周期表の縦の類似性が高い。塩化ナトリウムに代表される典型的なイオン結晶を作るのも、この種の元素の特徴である。

遷移元素の単体と化合物

遷移元素は全て金属元素である。具体的には、第 4～7 周期の 3～11 族の元素である。第 6 周期・3 族の 15 元素はランタノイド、第 7 周期・3 族の 15 元素はアクチノイドと総称し、主に f 軌道に電子が満たされていく過程の元素で、内遷移元素とよばれる。それ以外の遷移元素は、3d～6dの各軌道が満たされていく過程にあり、主遷移元素とよぶこともある。

遷移元素の単体は融点・沸点が高く、硬い金属であり、鉄、ニッケル、銅、金、銀、など実用価値の高いものが多い。鉄、コバルト、ニッケルは強磁性である。金、銅は特有の色を持つ。これらの性質にはd電子の数や、電子配置が関係している。遷移元素の化合物として特徴的なものに**錯体**がある。高校の教科書にも、$[Cu(NH_3)_4]^{2+}$（テトラアンミン銅(II)イオン）、$[Ag(NH_3)_2]^{+}$（ジアンミン銀(I)イオン）、$[Fe(CN)_6]^{4-}$（ヘキサシアニド鉄(II)酸イオン）などの錯イオンが登場する。錯体は配位結合を含み、電子対の供与体（ドナー）と受容体（アクセプター）が存在する*3。遷移元素の原子が受容体になる場合が多い。また、金属－炭素結合を含む錯体（ただしシアニド錯体を除く）は有機金属錯体とよばれ、近年盛んに研究されている。なお、典型元素の金属元素も錯体を作らないわけではない。

ランタノイドの15元素は、性質が互いに非常によく似ており、共通して＋3価のイオン性化合物を作る。単体は化学的に活発で反応性が高い。ランタノイドでは、最外殻は6s軌道だが内側の4f軌道に電子が加えられていく。4f電子による核の電荷の遮蔽が十分でないため、核電荷の増加とともに軌道電子がより強く核に引きつけられるため、原子番号が高くなるにつれてイオン半径や原子半径が小さくなり、これを**ランタノイド収縮**という。ランタノイドとスカンジウム、イットリウムを総称して**希土類元素**という。アクチノイド15元素の類似性はランタノイドほどではない。酸化数もランタノイドに比べて多様である。全て放射性元素であり、ウラン、プルトニウムなどいわゆる核物質を含む。

---

*3 錯体の化学式は［　］で囲み、［　］に入れた配位式中では中心原子を最初に、次に陰イオン性配位子、中性配位子の順で書く。また、錯陽イオンや錯体分子中の中心原子名は元素名のままである。錯陰イオン中では「中心原子名 ＋ 酸」となる。錯体の命名法の詳細については、例えば『無機化学命名法 ― IUPAC 2005 勧告』（東京化学同人）などを参照のこと。

練習問題

1. 元素に関する次の (1) ～ (4) の記述の正誤を判定せよ。
   (1) 全ての非金属元素は典型元素である。
   (2) 遷移元素は全て金属元素である。
   (3) ランタノイドにはランタンは含めない。
   (4) 遷移元素では複数の酸化数を持つものが多い。
2. ケイ素の原子番号は 14 である。
   (1) 電子は軌道にどのように配置されるか。図 3･4 にならって示せ。
   (2) 最外殻の電子は何個か。
3. 周期表の第 3 周期、第 4 周期、第 6 周期において、満たされていく軌道は何か。また、各周期の元素数はいくつか。
4. 次の元素の電子配置を例にならって示せ。 例：$_{3}Li$　$1s^2 2s^1$
   (1) $_{12}Mg$　　(2) $_{27}Co$　　(3) $_{53}I$
5. 12 族元素 (亜鉛族) は通常は遷移元素に含めない。しかし、化学的性質や電子配置のうえで遷移元素に似た点があり、欧米では遷移元素に分類することもある。どのような点が遷移元素に似ているか。また、似ていないか、考えてみよ。
6. 原子番号 21 の元素の 3d 軌道の電子数はいくつか。典型元素、遷移元素のどちらか。
7. 次の錯イオンの名称を述べよ。
   (1) $[Zn(NH_3)_4]^{2+}$　　(2) $[Fe(CN)_6]^{3-}$　　(3) $[Ag(CN)_2]^-$
8. 次の a ～ f のうち、原子番号が増すにつれて、周期的に変化するものを選べ。
   a 陽子の数　　b 価電子の数　　c イオン半径　　d 同位体の数
   e イオン化エネルギー　　f 原子量
9. 元素を原子番号順に並べると、傾向として原子量も順に大きくなるが、(Ar, K), (Co, Ni), (Te, I) などでは原子量が逆転する。これはどのように説明されるか。

4 化学結合

原子はいろいろな種類の化学結合によって結び付き、多様な物質を作り出す。

高校までの勉強では、イオン結合、共有結合を学ぶ。共有結合は、2個の原子が1個ずつの電子を出し合って対を作ることによって出来ることを学び原子価を理解する。

大学では、共有結合を2つの原子の電子軌道の重なりを通じての電子の交換として理解し、原子の中の電子軌道の形と重なりを基に、結合の方向性(すなわち分子の立体構造)、シグマ(σ)結合とパイ(π)結合の違いを理解する。また、共有結合の分極(共有結合の電子の偏り＝片寄り)によって、有機分子の反応を理解する。

4-1 結合の基礎概念

原子は、最外殻の軌道に、第1周期では2個(1個のs軌道にスピンを逆にして2個の電子が対になる)、第2周期以降では8個の電子(1個のs軌道と3個のp軌道の合計4個の軌道のそれぞれに、スピンを逆にして2個ずつ対になった電子)を収容し、満員になったときにエネルギーの低い安定な状態になる(**閉殻構造**という。また、**オクテット**、**8隅子構造**ともいう)。18族の希ガス元素ではこの条件が満足されていて、希ガス原子は他の原子と結合を作りにくく、1個1個の原子が安定に飛びまわっている。

他の元素の原子の最外殻電子の数は、このようにはなっていない。第2周期の元素について見ると、最外殻電子の数はLiで1個、Beで2個、Bで3個、Cで4個、Nで5個、Oで6個、Fで7個であり、原子の状態では不安定である。そこで、これらの原子は他の原子との間で電子のやりとりをしたり、電子を共有することによって、最外殻を閉殻構造にしようとする。このことが、結合を作ったり、原子をイオンや分子に変身させ、多様で豊かな物質の世界を作り出す。

化学結合は**イオン結合**と**共有結合**に大別される。**配位結合**、**金属結合**は共有結合の一種と考えてよい。その他、水素結合（p.131参照）という分子間に働く力があるが、一般の化学結合とは違った概念に属する。結合を分類すると次のようになる。

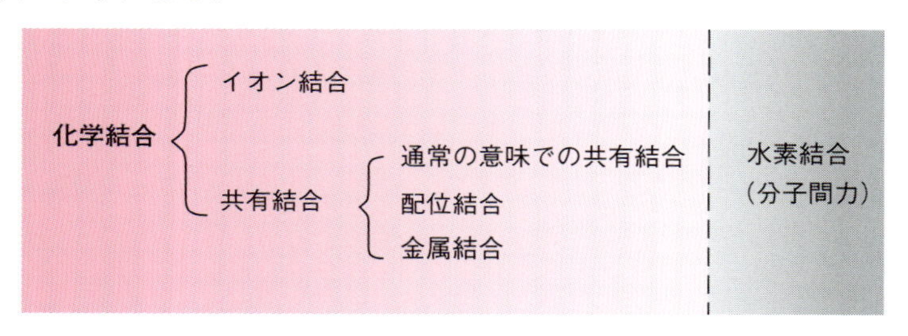

4-2　イオン結合

イオン結合は、原子が電子の授受によって閉殻構造のイオンになった上、陽イオンと陰イオンの静電的な引力によって出来る結合である。LiはL殻にある1個の電子を失って閉殻構造になる（電子を1個失ったので陽イオンLi^+になる）。一方、Fは1個の電子をもらえば、L殻の電子が8個になり安定な閉殻構造になる（電子を1個受け取るので陰イオンF^-になる）。LiからFに電子1個が移れば双方が安定なイオンになり、また正と負の電荷の引き合いは強いので陽イオンと陰イオンが引き合って（イオン結合して）、

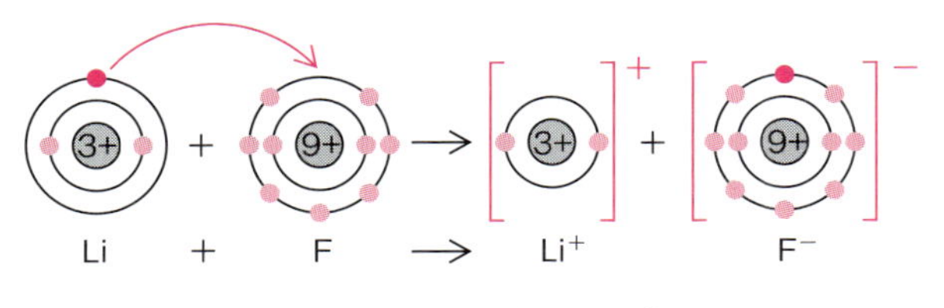

図 4·1　イオン結合の生成

Li^+F^- という化合物を作る（**図 4·1**）。

陽イオンの代表的なものはナトリウム、鉄などの金属イオンである。鉄は 2 価の陽イオン Fe^{2+} になる場合と 3 価の陽イオン Fe^{3+} になる場合がある。陰イオンの代表的なものは塩化物イオン（Cl^-；塩素イオンというのは間違い。塩素イオンは Cl^+ 陽イオンを意味する）などのハロゲン化物イオン、硫酸イオン（$SO_4{}^{2-}$）、硝酸イオン（$NO_3{}^-$）などである。イオン結合の大きな特徴は、化合物の中で、陽イオン、陰イオンが独立に存在していて、水などに溶かすとそれぞれが遊離の状態になることである。次に述べる共有結合の場合は、結合が切れて、構成原子が遊離するということはほとんどない。また、イオン結合は共有結合と異なって、結合に方向性がない。

4-3　共有結合

共有結合は、2 つの原子が 1 個ずつの電子を出し合い、その 2 個の電子を 2 つの原子が共有することによって作られる。電子を共有することによって、1 つの共有結合当たり共有結合の分 1 個ずつ最外殻の電子が増し、オクテット（閉殻構造）に到達する（**図 4·2**）。

アンモニア NH_3 を例にして共有結合を説明しよう（**図 4·3**）。N は最外殻に 5 個の電子を持っているが、閉殻になるには、3 個電子が足りない。そこで、3 個の水素原子との間で 1 個ずつの電子を出し合い、それを共有すれば、窒素原子が閉殻構造になると同時に、水素原子も 2 個の電子を持つこと

共有結合の本質は，正電荷を持つ原子核の中間に負電荷を持つ電子が入り込み，両側の正電荷を引き付けることにある．２つの原子核の正電荷の反発より原子核－電子の正負電荷の引力の方が大きく，２つの原子核はつなぎ止められる．

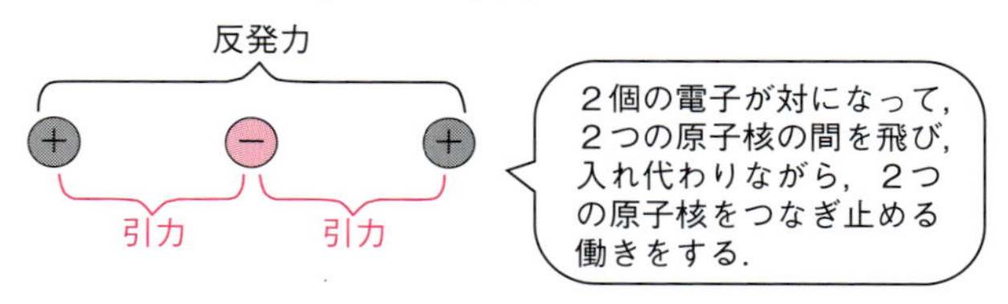

図 4·2　共有結合の本質

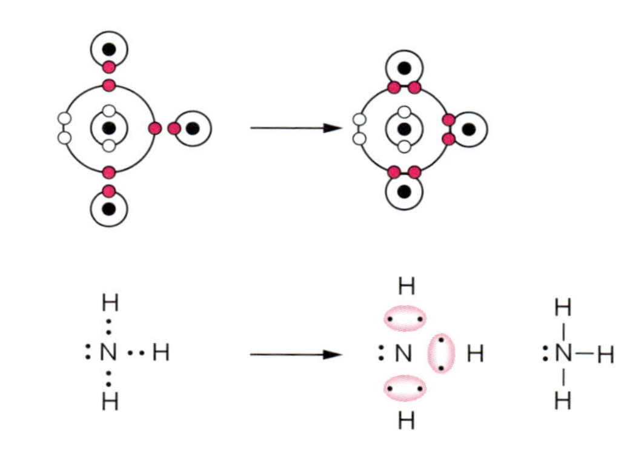

図 4·3　アンモニア NH_3

になって閉殻構造になる。このようにして、共有結合は、原子が電子を共有することによって出来る。共有結合は原子と原子とを結ぶ直線（**価標**）で表される（⇒ 5-1 節「化学式のかき方」）。

原子が何個の共有結合を作るかを示すのが原子価である。上で述べた窒素は、3 個の共有結合を作って最外殻電子が 8 個の閉殻を作るので 3 価、最外殻電子が 4 個の炭素やケイ素は、4 個の共有結合を作れば最外殻電子が 8 個になるので 4 価、最外殻電子が 6 個の酸素や硫黄は 2 価、最外殻電子が 7 個のハロゲンは 1 価であることが理解される。

共有結合は、電子を共有するので、電子を引く力に差がない（あるいは差の小さな）原子と原子との間で出来る。また、最外殻電子を引き付ける力（電気陰性度）が大きくもなく小さくもない 14～16 族元素の間で出来やすい。炭素の鎖が安定なのはこれが原因である。

4-4　金属結合

金属結合も共有結合の一種と考えられる。ただし、通常の共有結合では双方の原子から電子が 1 個ずつ提供されて 1 つの結合が出来るのに、金属結合では少数の電子がたくさんの原子と原子の間を飛びまわって原子を結び付けている（**図 4･4**）。

金属、例えばナトリウムには 1 個しか価電子（最外殻電子。金属では自由電子ともよばれる）がない。この 1 個の価電子が、隣接したたくさんのナトリウム原子との間を動きまわって原子と原子を結び付けている。金属結合は、結合の数に対して電子の数が少ないとき、また、電子が動きやすい（原子核による電子の引き付けが弱い、イオン化エネルギーが小さい）元素の場合に出来やすい。

すなわち、1 族のアルカリ金属で金属結合性が最も高くなる。2, 3 族と価電子の数が増し、またイオン化エネルギーが大きくなっていくと、金属結合

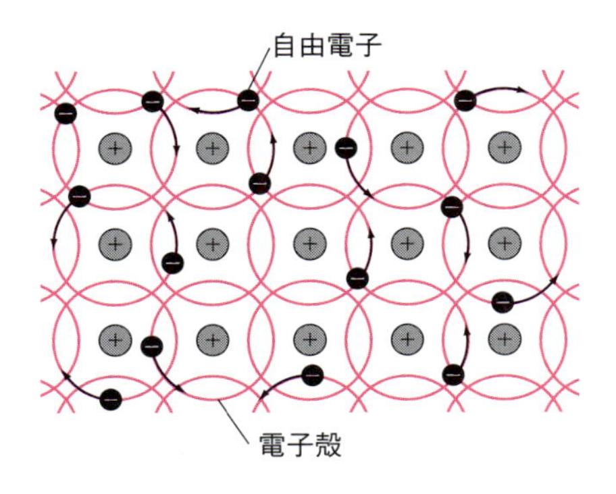

図 4･4　金属結合のイメージ図

表 4·1　いろいろな結合の性質

イオン結合	共有結合	金属結合
電子の授受によって原子が閉殻構造の陽・陰イオンになり、それが静電気力によって結び付けられて出来る結合。	2つの原子が、(軌道の重なり合いを通して) 電子を共有し、閉殻構造を作ることによって出来る結合。	外殻の少数の電子が多数の原子の間を動きまわって出来る不完全な共有結合。
結合に方向性がない。	結合に方向性がある。	共有結合より強さ、方向性が小さい。
電気陰性度の差が大きい原子の間で出来やすい。	電気陰性度の差が小さい原子の間で出来やすい。	金属原子間で出来やすい。
イオン結合で出来た化合物は水に溶けやすい。	共有結合で出来た化合物は水に溶けにくい。	

性が減って共有結合性が増えてくる。遷移金属になると d 軌道にいる電子までが結合に関与してくるので金属結合としての性格が弱まり、共有結合の性格が強まる。これらのことが、金属の力学的性質や電気的性質に反映する (**表 4·1**)。

4-5　大学で学ぶ共有結合

電子の軌道

共有結合に使われる電子の軌道は、原子の持っていた電子軌道が融合して作られる (**図 4·5**)。

原子の中で電子はある一定の軌道上を運動していた。共有結合を作るときも、その軌道はそれほど大きく形を変えることはない。結合を作る電子の入っている2つの軌道が融合して2つの原子をまわる1つの軌道が出来、その軌道を2つの電子がまわることになる。

このことから、共有結合の一つの特徴である方向性が理解される。N は L 殻に5個の電子を持ち、2s に2個、$2p_x, 2p_y, 2p_z$ にそれぞれ1個ずつ入れられる。N は直角方向にある $2p_x, 2p_y, 2p_z$ の電子を使って H と共有結合を

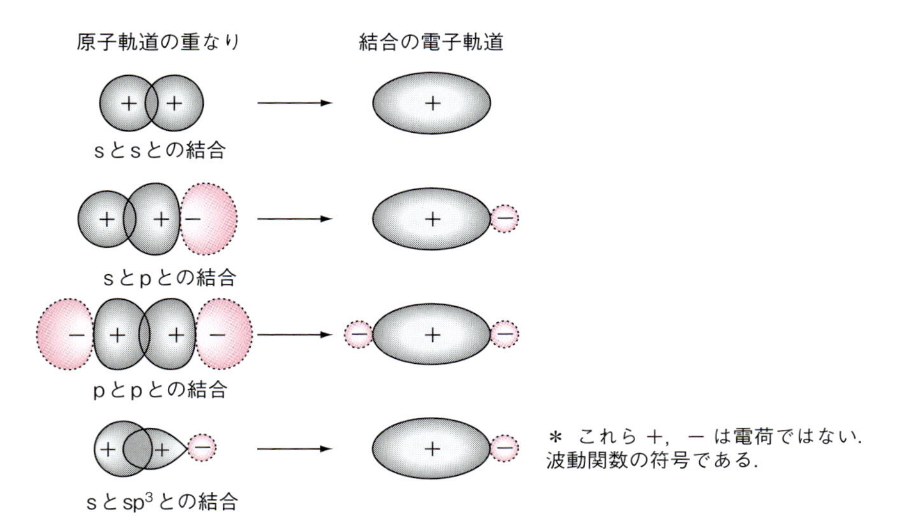

図 4･5　共有結合の生成

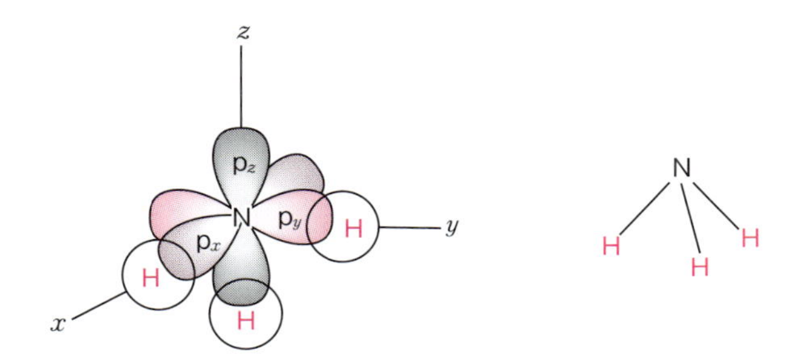

図 4･6　アンモニア NH_3 の共有結合

する。したがって、アンモニア NH_3 は平面ではなく、N を頂点にした三角錐（すい）の形をしている（**図 4･6**）。

混成軌道

炭素原子の作る共有結合には、sp^3, sp^2, sp などの混成軌道が使われる（**図 4･7**）。基底状態（最もエネルギーの低い状態）の炭素原子の電子配置は、$1s^2 2s^2 2p^2$ であるから、不対電子は 2p 軌道の 2 個。このままでは、2 個の

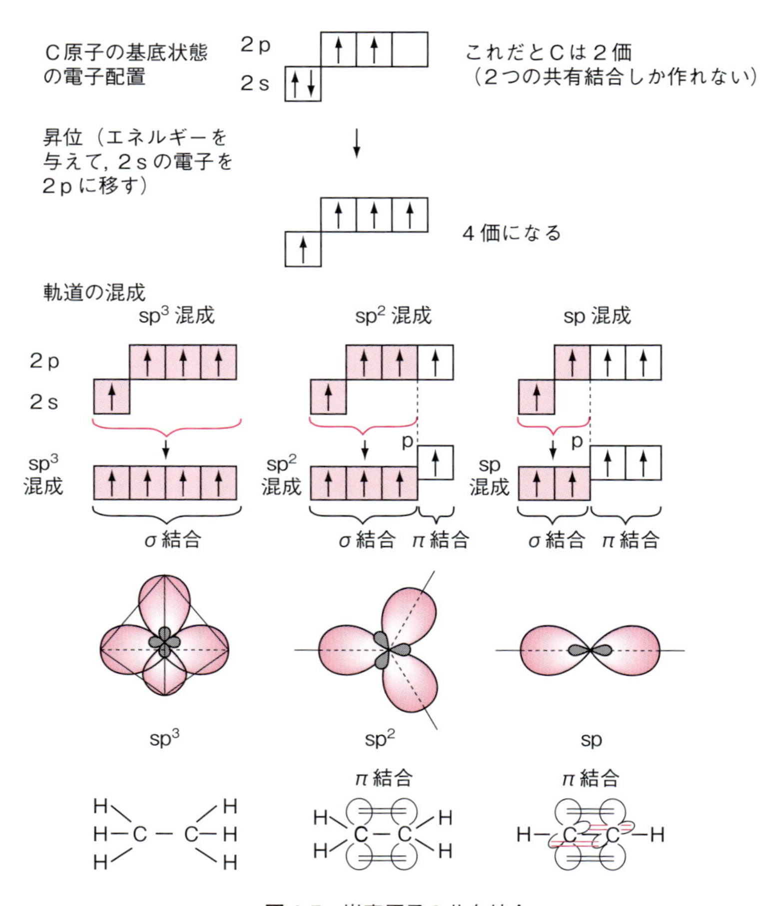

図 4·7 炭素原子の共有結合

共有結合しか作れない(2価である)。しかし実際には、炭素は4価である。このことを、メタン CH_4 の **sp^3 混成軌道**で説明しよう。Cが4個のHと共有結合をするためには、次のような複雑な過程が含まれている。

(i) 2s軌道の電子1個がエネルギーの高い2p軌道に上げられる(**昇位**という。この過程を起こすには、エネルギーが必要である)。

(ii) さらに、2s軌道と3つの2p軌道が混ざり合って(**混成**)、sの性質

を $\frac{1}{4}$、p の性質を $\frac{3}{4}$ 持った軌道が 4 つ出来る。この 4 つの軌道は、炭素を正四面体の中心に置いたとき、正四面体の頂点を向く方向に出来る。

この混成が起こらなかったとすると、炭素は、4 価にはなるが、s 軌道で作る結合と、p 軌道で作る結合の性質が違っていなければならないことになる。メタンの 4 つの結合の性質は同じなので、混成を考えなければならないのである。

(iii) 4 個の sp^3 混成軌道のそれぞれが H と共有結合を作る。昇位に要したエネルギー損は、結合が 2 個余分に出来ることで補償された上にお釣りが来る。

sp^3 混成軌道のほかに、sp^2, sp 混成軌道も重要である。**sp^2 混成軌道**は、s 軌道 1 個と p 軌道 2 個（1 個の p 軌道はそのまま残しておく）とが混ざり合って出来る、s 軌道の性質を $\frac{1}{3}$、p 軌道の性質を $\frac{2}{3}$ 持った 3 個の軌道であり、お互いに平面上 120° ずつ違った方向を向いて出来る。**sp 混成軌道**は、s 軌道 1 個と p 軌道 1 個（2 個の p 軌道はそのまま残しておく）とが混ざり合って出来る、s 軌道の性質を $\frac{1}{2}$、p 軌道の性質を $\frac{1}{2}$ 持った 2 個の軌道であり、お互いに 180° 違った反対方向を向いて出来る。sp^2 混成軌道はエチレンの、sp 混成軌道はアセチレンの結合に使われる。

4-6　シグマ結合とパイ結合

sp^2 混成軌道はエチレンを作る結合である。1 個の C は、3 個の sp^2 混成軌道のうち 2 個を使って 2 つの H 原子と、もう 1 個の sp^2 混成軌道を使って相手の炭素と結合する。ここでは、2 つの軌道が真正面で重なり合い、軌道の融合が十分に出来る。このように、2 つの軌道が結合軸に沿って重なり合って出来る結合を**シグマ結合（σ 結合）**という。シグマ結合は、軌道の融合が大きく強い結合になる。

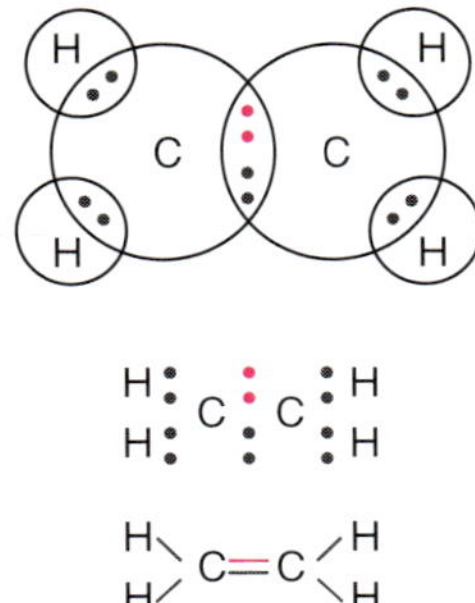

H : C : C : H
H : : : H

H＼C＝C／H
H／　　＼H

大学で学ぶエチレンの共有結合

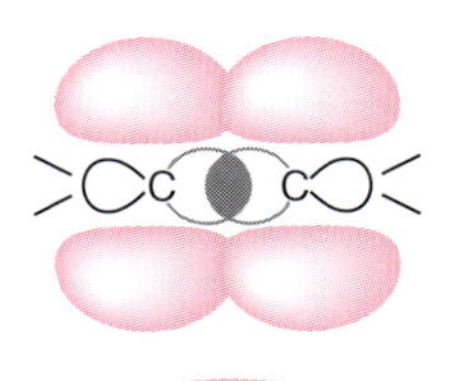

sp^2 混成軌道による σ 結合

p 軌道による π 結合

σ 結合　一方の C を固定し，他方を結合軸のまわりに回転しても，軌道の重なりは変わらない.

π 結合　一方の C を固定し，他方を結合軸のまわりで回転すると，p軌道の重なりがくずれてしまい結合が成り立たなくなる.

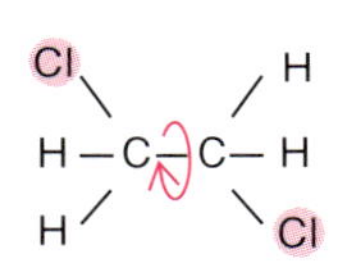

1,2-ジクロロエタン

（C−Cを軸に自由にまわることができるので単離できる異性体は生じない）

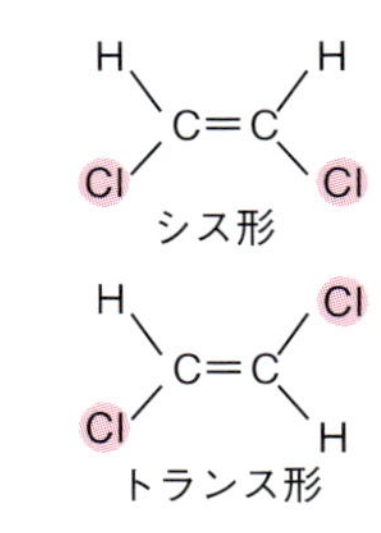

1,2-ジクロロエチレン

（C＝Cは回転できないのでシス，トランスの異性体が生じる）

図 4·8　エチレンの共有結合

エチレンの２つの炭素原子には、混成に関与しなかった１個ずつの電子が残っており、それがｐ軌道に入っている。その２つの軌道は正面から重なり合うことは出来ないが、平行に立ったとき、軌道の側面でわずかに重なり合い、共有結合を作ることが出来る。このように結合軸と垂直の方向での軌道の重なりによって出来る共有結合を**パイ結合**（**π 結合**）という。この結合は軌道の重なりが小さいので弱いものであるが、結合を作らないよりは作った方がエネルギーの低い安定な状態になるので、エチレン分子は sp^2 によるシグマ結合とともに、p 軌道によるパイ結合によって二重に結合することになる（**図 4·8**）。エチレンの炭素間は C=C と 2 本の同じ直線で結ぶが、この 2 つの結合には大きな違いがある。シグマ結合は強くて切れにくいのに対し、パイ結合は弱くて切れやすい。

パイ結合は弱いが、分子の形を固定する（一方の原子が結合軸のまわりで回転すると p 軌道の重なり合いが失われ結合がこわれてしまう。このようなエネルギーの高い状態を避けるため、通常の分子は p 軌道を重ね合わせた形を保つ）。これによって、1,2-ジクロロエチレンには、シス、トランスの異性が生まれる。シグマ結合では、一方の原子を固定して、他方を結合軸のまわりに回転しても電子軌道の重なり合いは変わらない。それゆえ、エタン分子は C−C を軸にして回転し、分子の形を変えることが出来る。このため、1,2-ジクロロエタンには単離出来る異性体は存在しない（回転異性体は存在するが、C−C 軸を軸にして回転し、短時間のうちに移り変わってしまう）。

解　説

シグマ結合・パイ結合の来歴

シグマは s の、パイは p のギリシャ文字にあたる。そこでシグマ結合は s 軌道から、パイ結合は p 軌道から出来ると誤解されるのだが、これは正しくない。パイ結合は p 軌道から出来、s 軌道からは出来ないのに対し、シグマ結合は s 軌道、p 軌道、sp^3、sp^2、sp 混成軌道のどれからも出来る（p 軌道同士のシグマ結合の例は図 4·5 参照）。

パイ結合の共役

二重結合と単結合が交互にあるとき、二重結合が共役しているという。二重結合は切れやすく、反応性（付加反応をしやすい）に富んでいるが、共役

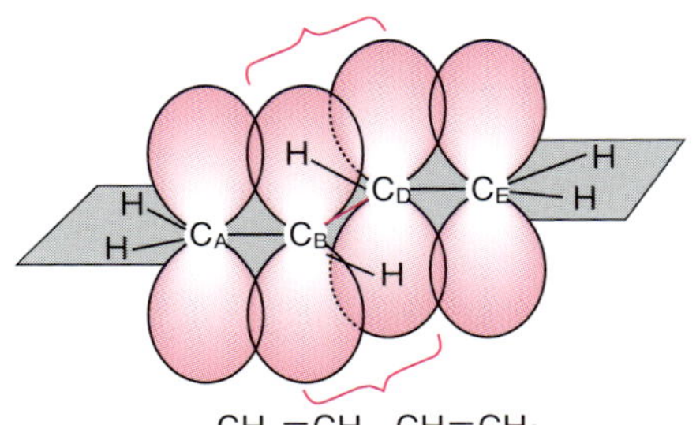

$CH_2=CH-CH=CH_2$

本来π結合がなかったはずのC_B，C_Dのπ電子が重なり合い，C_B-C_Dの間にπ結合が出来て，π電子は端から端まで自由に移動出来るようになる．

図 4·9　パイ結合の共役

すると安定化して付加反応をしにくくなる。共役系は鎖式化合物でも重要であるが、特にベンゼンのような環式化合物で重要な概念である。

この場合、パイ結合を作っている軌道が重なり合い、本来パイ結合がなかったはずの中間の２つの炭素原子の間がパイ結合しているような形になる。このようになると、電子が２つのパイ結合の上を端から端まで自由に動けるようになる（**図 4·9**）。このように２つのパイ結合の間に電子の行き来が出来るようになると、２つのパイ結合が独立してある場合に比べて安定化する。このように、二重結合と単結合とが交互にたくさんつながった共役系では大きな安定化が得られるとともに、電気伝導性も現れる。これに対して、シグマ結合の電子は、２つの原子の間だけにしか動けない。シグマ結合で出来た物質は電気を伝えにくい。

共役系が環になってエンドレステープのようにつながったのがベンゼン環である。ベンゼンの特別な性質である芳香族性（二重結合を持っていながら付加反応をしないで、かえって置換反応をする）は共役の安定化によって生まれる（**図 4·10**）。

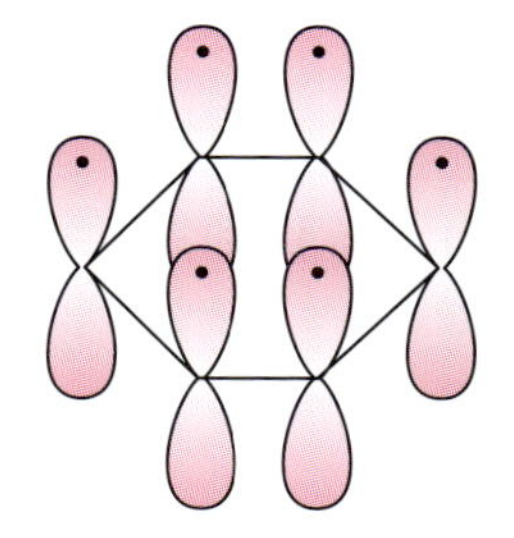

図 4･10　ベンゼンの共役

ただし、芳香族性には、環の二重結合が共役しているだけでは十分でない。もう1つの条件、共役パイ系の電子が、1つの環当たり6個（もっと正確にいうと $4n+2$ 個, $n=0,1,2,\cdots$ で、$n=1$ の場合が6）である必要がある（**ヒュッケル則**）。ベンゼンの6個の炭素パイ共役系に入っている電子は6個で、この条件を満たしている。しかし、環全体が共役している（ように見える）1,3-シクロブタジエン、1,3,5,7-シクロオクタテトラエンのパイ電子はそれぞれ4, 8個で、条件に当てはまらない。事実これらの化合物は芳香族性を持たない。ベンゼンのように安定でもなく、付加反応性が高い。それどころか、1,3-シクロブタジエンは不安定でほとんど作ることが出来ない（**図 4･11**）。

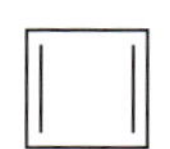

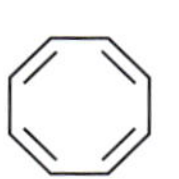

図 4･11　ヒュッケル則に合致せず安定にならない化合物

4-7　共有結合の分極

共有結合の分極とは、共有結合に関与する電子（密度）が一方の原子のまわりに偏り（＝片寄り）、その結果、電子を引き付けた原子が負の電荷を帯び、他方の原子が正に帯電すること、すなわち、共有結合がイオン結合の性質を帯びることである。

高校のレベルでは、共有結合についての理解が浅いので、化学（物質の物理的性質、化学的性質 ＝ 反応）は暗記物になっている傾向が強い。理系の大学の化学では、有機化学のみならず無機化学も結合の考察から理論的に理解するように指導される。無数にある物質の性質を理解し、有効に利用するためには、統一的な理論体系が必要である。物質の諸性質を理解する基礎が、共有結合の理解である。これがマスターされると、化学はもはや暗記物でなくなり広い展望が得られる。

理想的な共有結合では、結合している2つの原子が、結合に関与する電子を同じ力で引き合っている。言い換えれば、電子は2つの原子のまわりを均等にまわりながら、2つの原子を結び付けている。このことは、H－H のように同種の原子の結合では当てはまる。しかし、電気陰性度（電子を引き付ける力）の異なる原子の共有結合では、電子が電気陰性度の高い原子の方に引き寄せられ、電荷に不均衡が生じ、電気陰性度の高い原子が負に、他方が正に帯電する。

この電子の偏りが完全に起こればイオン結合になるが、現実の多くの結合では、電子の偏りは部分的で、理想的な共有結合と理想的なイオン結合の中間にある。

共有結合の分極は、シグマ結合、パイ結合のどちらにも起こる。二重結合の場合には、シグマ結合、パイ結合の分極を別々に考え、どちらの効果が大きいかを判断する。

シグマ結合の分極を**誘起効果**あるいは**I効果**（inductive effect）という。この場合、電気陰性度の高い原子の方に電子が集まる。電子の集まった側の原子が負に、電子を奪い取られた側の原子は正に帯電する。

$$H^{\delta+}-Cl^{\delta-} \qquad H^{\delta+}-O^{\delta-}-H^{\delta+}$$

電荷を $\delta+, \delta-$ のように δ（デルタ）を付けて表したのは、電荷の偏りが部分的であることを示す（δ は、やや、少し、を意味する）。

このような結合の分極は、水に溶けたときの電離に反映する。分極の大きなH−Clは水に溶けたときのH^+とCl^-への電離が大きく、強い酸性を示す。

ここで、配位結合の電荷分布について注意しておこう。配位結合は、まず、一方の原子が電子対のうちの1個の電子を他方に与え（提供し）、他方は、それを受け入れた上、共有結合を作るというものであった。そこでは必然的に、電子を与えた側は正に、電子を受け入れた側は負に帯電する。硫酸では、真ん中の硫黄原子の電子対が酸素原子に与えられ配位結合を作っている。したがって、硫黄原子は2+の電荷を持ち、強く電子を引き付ける。それがO−Hに伝わり、Hが陽イオンになって解離しやすくなる。亜硫酸では硫黄の配位結合は1つでSの上の電荷は1+なので、酸性は硫酸より小さい（**図4·12**）。

シグマ結合の分極は、次のシグマ結合にも伝わり、順次弱まりながら炭素鎖を伝わっていく。

パイ電子系の分極は**メソメリー効果**（**M効果**：mesomeric effect）とよばれる（共鳴効果とよばれることもある；p. 55参照）。共役パイ結合に分極の

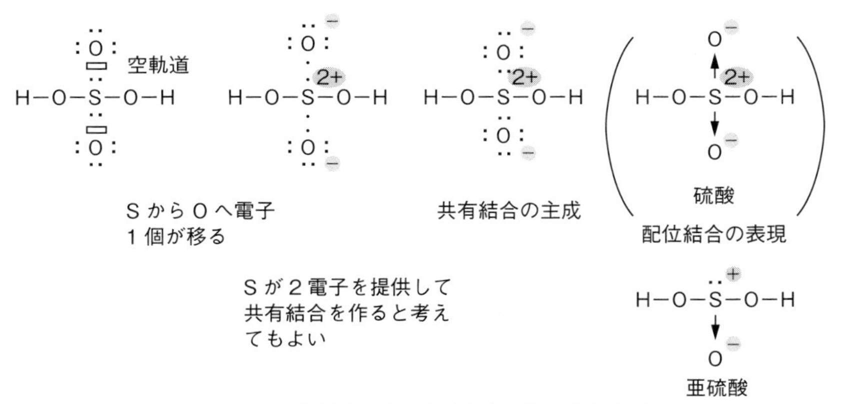

図4·12　配位結合の考え方（硫酸・亜硫酸を例に）

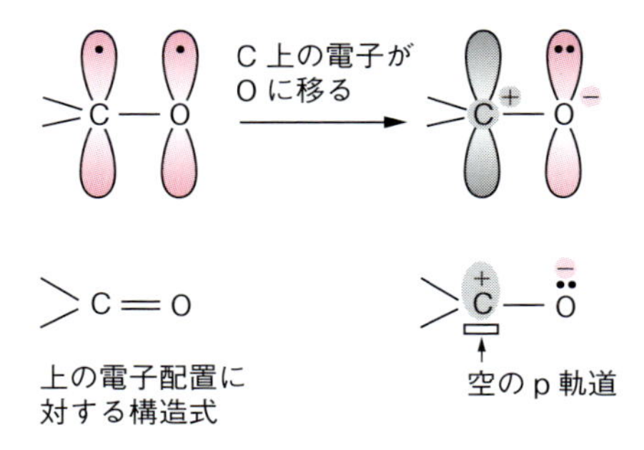

図 4·13　カルボニル基のパイ結合の分極

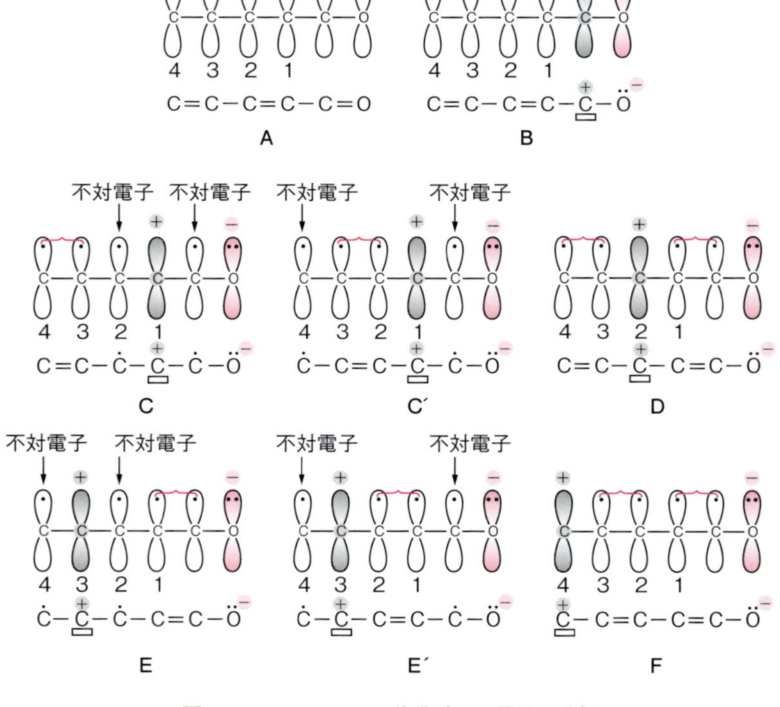

図 4·14　C＝O による共役系パイ電子の分極

原因となる官能基が付くと、官能基・共役系全体にわたる結合の分極が起こる。同じ酸素原子によって引き起こされる分極でも、C=O と OH, OR（R = アルキル基）とでは分極の向き（電子の移動する方向）が反対になることを予め注意しておこう。

C=O 基は、基の内部にシグマ結合とパイ結合を持ち、その各々で結合の分極が起こる。いずれも、電気陰性度の大きな O の方に電子が偏り、O が負電荷を帯びる。電子の動きやすいパイ結合の分極は、シグマ結合の分極より大きく、パイ結合の電子はほとんど O の方に集まってしまっている状態である。極端に描くと**図 4・13** のようになる。

C=C−C=C−C=O（**図 4・14 A**、炭素に付く水素は略す）のように C=O が共役系につながっていると、C=O のパイ結合で起こった分極が共役系に波及し、C=C−C=C の方から、電子不足になっている C=O の C の方へ電子が流れ込む。電子の移動を図に描くと、**図 4・14** のようになる。なお、軌道の中への電子のつまり方とともに、その電子配置の結合状態を表す構造式（極限構造式）を併記してある。

このうち、B, D, F の電子配置が安定で、電子不足は、C=O の C に加えて 2, 4 の位置に起こる。すなわち、電子不足（すなわち、正に帯電する位置）は共役系の炭素鎖で 1 つおきに現れ、末端まで弱まらないで伝わる。

この、正電荷が共役系の炭素鎖で 1 つおきに現れることの理解のためには、**共鳴**の極限構造式についての知識が必要である。ここでは深く立ち入ることが出来ないが、だいたい次のように考える。「共役系の 1 つの p 軌道に 2 個以下（1, 2 個いずれか）の電子を入れ（電子の総数は共役系の持つ電子の数に合わせる）、その上で隣同士で対になりうる電子があれば、それを結んでみる（隣同士の不対電子が結合を作って安定する）。どのようにしても相手のいない不対電子が余ってしまうような電子配置は不安定で、自然はそのような電子配置をとらない。」このことを念頭に置いて、C=C−C=C−C=O の電子配置を見ると、B, D, F の電子配置では不対電子が出来ないのに、C, C′, E,

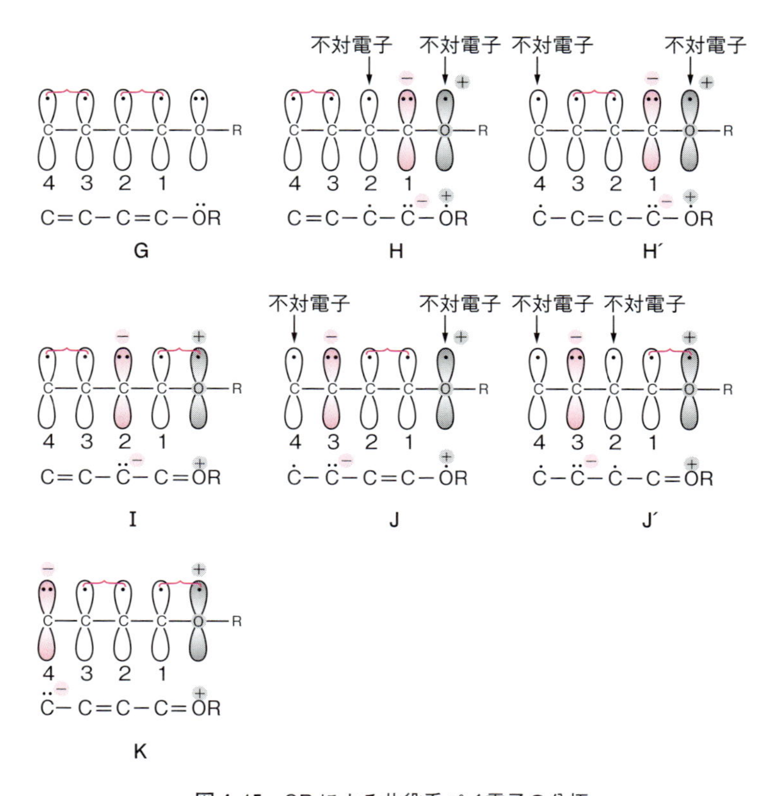

図 4·15　OR による共役系パイ電子の分極

E′ の電子配置では不対電子が 2 個出来てしまう。すなわち、B, D, F の電子配置は安定なので、分子はこのように電子を分布させるが、C, C′, E, E′ の電子配置は不安定なので、分子はこのような電子分布は取らない。

次に C=C−C=C−OR を考えよう（**図 4·15**）。ここでは、OR と隣接する炭素原子との間にパイ結合はない。しかし、O の上にある p 軌道の非共有電子対が隣の C=C の p 軌道と重なり合い、電子の交換をするようになる（電子の交換があると、その系は安定化するので、自然はその方向に向かって行動する）。O の p 軌道には、すでに定員一杯の 2 個の電子が入っているので、いかに電気陰性度の大きな O でも電子を引き入れることは出来ない。

コラム

化学の記号

われわれにとっては当たり前になっているが、それがなければ不便この上もないものに、元素記号や構造式がある。原子論の創設者であるドルトンは

⊙水素　●炭素　○酸素　○●○ 二酸化炭素

のような元素記号を使っていた。

現在使われている、アルファベットの組み合わせで元素、原子を表す方式は、スウェーデンのベルセリウス（1779-1848）が"発明した"といわれている。ベルセリウスは、実験、特に分析の名手で、2000 に近い物質（主に無機物質）の分析から、原子量を精密に測定するとともに、多くの化合物に正しい元素組成を与え、原子論の発展に貢献した。彼はストックホルム大学の教授であったが、そのころ（日本では江戸時代末期に当たる）は、大学にも実験室がなく、自宅の台所で実験をしていたという。

一方、構造式もその成立には時間がかかった。炭素は 4 つの結合を作ること、炭素同士が結合して鎖を作ることを主張して、1858 年に有機分子の構造の基本を解明したケクレの構造式は下図（左）のようなものである。ほとんど同時にケクレと同じことを報告したクーパーの構造式は、現在のものに近くなっている（下図右）。その後多くの化学者の努力によって、現在の構造式が確立したのである。

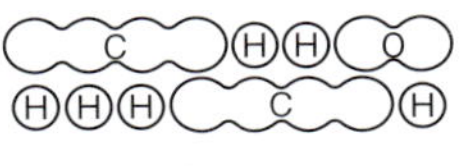

CH_3CH_2OH

ケクレの構造

O⋯OH
C
⋯ H^2
C⋯H^3

CH_3CH_2OH

クーパーの構造式

当時 O の原子量は 8 と，現在の半分と考えられていたので，OH が OOH と表されている．

反対に電子を C=C の方に送り出すことで共役系との相互作用を実現する。このとき、電子配置の安定性の規則を適用すると、G, I, K の電子配置が安定で、O から放出された電子は 2, 4 の位置に溜まり、そこが負に帯電すること

表 4·2 代表的な官能基の分極

	σ電子系	π電子系
$-OH$	$-O^{\delta\ominus}-H^{\delta\oplus}$	
$-NH_2$	$-\ddot{N}^{\delta\ominus}(-H^{\delta\oplus})_2$ N−H の分極小 反応性の原因は N 上の非共有電子対	
$>C=O$	$>C^{\delta\oplus}-O^{\delta\ominus}$	$>C=O \longleftrightarrow >\overset{\oplus}{C}-\overset{\ominus}{O}$
$-COOH$	$-C^{\delta\oplus}(=O^{\delta\ominus})-O^{\delta\ominus}-H^{\delta\oplus}$	$-C(=O)-\ddot{O}-H \longleftrightarrow -C(-\overset{\ominus}{O})=\overset{\oplus}{O}-H$
$-NO_2$	$-N^{\delta\oplus}(O^{\delta\ominus})_2$	$-\overset{\oplus}{N}(=O)-\ddot{O}^{\ominus} \longleftrightarrow -\overset{\oplus}{N}(-\ddot{O}^{\ominus})=O$

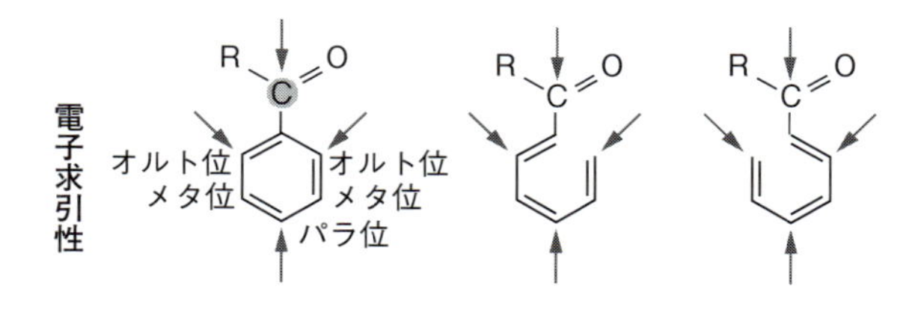

→ 電子不足になって，正電荷を帯びる位置

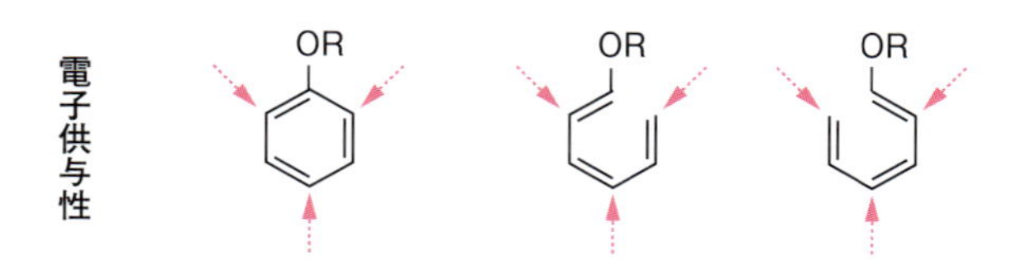

⇢ 電子過剰になって，負電荷を帯びる位置

図 4·16 C＝O，O＝R によるベンゼン環パイ電子の分極

が分かる。対応する極限構造式の中に O が 3 価に書かれるものが現れるが、O が電子を失っているので、3 つの結合を作れるのである。

C−OR のシグマ結合の電子は、電気陰性度の大きい O の方に偏っている。パイ結合と分極の方向が逆になっていることに注意しよう。同じような分極をパイ共役系に引き起こす基は、共役系の p 軌道と重なる p 軌道に 2 個の電子（非共有電子対）を持つもので、$-NH_2$, -Cl, -Br, -I などがある。

表 4･2 に、シグマ結合とパイ結合の分極を起こす官能基を分類した。

ベンゼン環に付いた置換基による、ベンゼン環のパイ共役系の分極も、ベンゼン環を**図 4･16** のように描いてみれば容易に理解される。

電子を求引するメソメリー効果（パイ共役系の分極、M 効果；p. 49 参照）を持つ置換基は、オルト、パラの位置* の電子密度を下げ、そこを正に帯電させる。逆に、電子を供与するメソメリー効果（p 軌道に非共有電子対を持ち、共役系に電子を与える）を持つ置換基は、オルト、パラの位置の電子密度を上げ、そこを負に帯電させる（**表 4･3**）。

大学での有機化学の勉強には、この共有結合の分極、特に、共役パイ結合における分極を理解することが重要である。

表 4･3　種々の基の I 効果と M 効果

I 効果	電子供与性　C ← X	電子求引性　C → X
σ 電子系の電子を偏らせる効果	$-S^{\ominus} > -O^{\ominus}$ $-C(CH_3)_3$, $-CH(CH_3)_2$, $-CH_2CH_3$, $-CH_3$	−F > −Cl > −Br > −I −OH ～ −OR > $-NH_2$ ～ $-NR_2$ $-\overset{\oplus}{N}R_3 > -NO_2$
M 効果	**電子供与性　C=C−$\ddot{X}$**	**電子求引性　C=C−X=Y**
共役系の π 電子を偏らせる効果	$-O^{\ominus} > -NR_2$ ～ NH_2 > OR ～ OH −I > −Br > −Cl > −F $-CH_3 > -CH_2CH_3$ $> -CH(CH_3)_2 > -C(CH_3)_3$	>C=O ～ −C(=O)H > −C(=O)−OR ～ > −C(=O)−OH > $-C(=O)-NH_2$ $-NO_2 > -C \equiv N$

* ベンゼン環で置換基の付いた隣の位置をオルト（*o*- という記号で表す）、その隣の位置をメタ（*m*-）、置換基と反対側の最も離れた位置をパラ（*p*-）という。

練習問題

1. 次の言葉を説明せよ。
共有結合，配位結合，イオン結合，金属結合，シグマ結合，パイ結合，共役系，結合の分極

2. シグマ結合とパイ結合を次の項目に従って比較せよ。
(1) 原子軌道の重なり方　(2) 使われる原子軌道　(3) 結合の強さ（結合の切れやすさ）

3. 共有結合と配位結合はどこが同じでどこが違うか。

4. 赤で示した結合は、(1) シグマ結合かパイ結合か。(2) どの原子軌道を使って出来ているか。(3) 結合の電子はどちら側の原子に偏るか。
(a) $H-H$, (b) $H-Cl$, (c) $H-NH_2$, (d) CH_3O-H, (e) H_3C-OH,
(f) $H-CH_3$, (g) $H-CH=CH_2$, (h) $H_2C=CH_2$, (i) $HC \equiv CH$,
(j) $(CH_3)_2C=O$

5. 次の分子について官能基による結合の分極を、シグマとパイに分けて考察し、それぞれ +, − に帯電する位置を示せ。
$CH_2=CH-CH=CH-CH=NH$,　$CH_2=CH-CH=CH-N(CH_3)_2$

6. $CH_2=CH-CH=CH_2$ に1モルの Br_2 を反応させると、$CH_2Br-CHBr-CH=CH_2$ (**A**) の他に、両端の炭素に臭素が付加し二重結合が中央に移動した $CH_2Br-CH=CH-CH_2Br$ (**B**) が生成する。なぜ**B**のような生成物が得られるかを説明せよ。

7. $CH_2=C=CH_2$ のパイ結合の状態は問題**6**の $CH_2=CH-CH=CH_2$ の場合とどう異なるか。

8. $C-C$ 結合と $Si-Si$ 結合はどちらが強いか推定せよ。

9. $O=C=O$ は存在するのに、$O=Si=O$ は存在せず、単結合の $-O-Si-O-$ の網構造をとる理由を考えよ。

10. 無機物質の性質も電子論で理解できるものがある。硫酸、亜硫酸の例にならって、次亜塩素酸 ($HOCl$)、塩素酸 ($HOClO_2$)、過塩素酸 ($HOClO_3$) の酸性がどの順に大きくなっていくかを推定せよ。

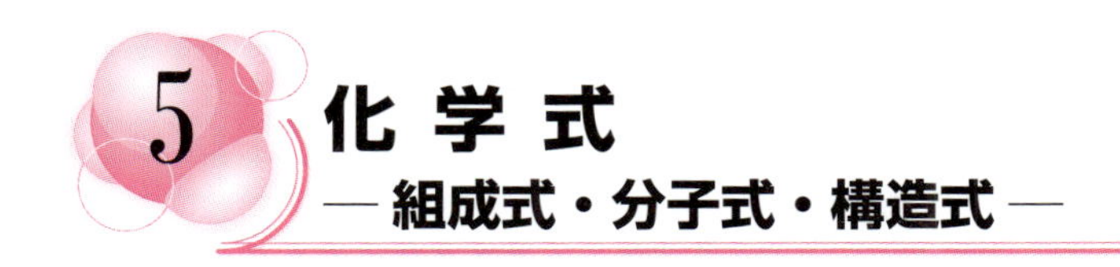

5 化学式
―組成式・分子式・構造式―

物質は、元素記号を用い、化学式によって表される。これは世界中のどこでも通用する化学の“国際語”である。

高校までの段階で、元素記号、化学式について基本的なことは学び終えてしまう。しかし、化学式の奥は深い。化学をさらに極めるには、本書では触れない命名法とともに、知識を深めていく必要がある。

5-1 化学式のかき方

元素記号、化学式（構造式）を正しく読み、正しく書くことは、化学の第一歩として最も大切なことである。しかし、最も基本的なものであるがゆえに、元素記号、化学式に接するときには、正しい情報を読みとり、また発信するという十分な注意が必要である。なお、物質を表すには名称（化合物命名法）も重要であるが、この本では取り上げない。

化学物質は、その物質を構成する原子を表す元素記号に、原子組成を示す数字をつけた化学式で表現される。結合関係がはっきりしている有機分子などでは、結合を直線（価標）で示した構造式が用いられる。

元素は元素記号によって表される。元素記号は、また、原子1個を表すこともある。元素記号の四隅に小さな数字と記号を使って、原子の状態を表す。四隅の使い方は、明確に決められている（**図5･1**）。

ここで特に注意しておきたいことは、右肩のイオン価である。イオンの電

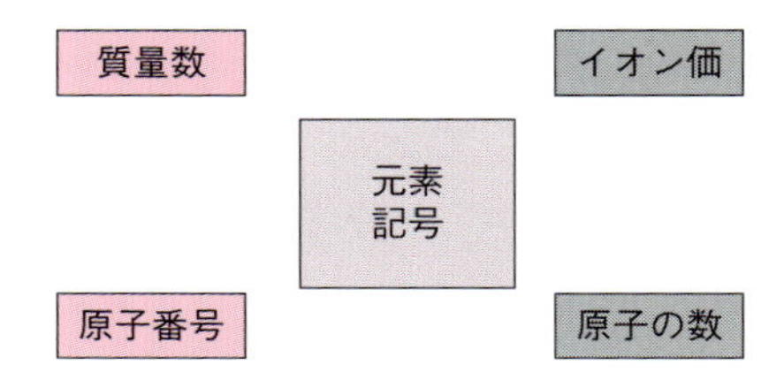

例 $^{1}_{1}H^{+}$ 軽水素の1価陽イオン．原子番号など自明のものは省略して $^{1}H^{+}$ でもよい．特に同位体のことを意識しなければ H^{+} で十分．

$^{2}H_2O$ 重水素で出来た水．^{2}H をDで表して D_2O と書いてもよい．Oの同位体は意識されていない．

図5･1 原子の表現

荷は、+, 2+, 3+, −, 2−, 3− などで示す。1価のときは1を書かない。また、+2, −2 ではなく、2+, 2− のように数字を先に書く。

化合物は、それを構成する元素の種類とその（元素の）割合によって特定される。これをミクロな立場で見れば、物質を構成している元素の種類とその原子の数の比によって、物質のアイデンティティが決まることを意味する。これを表現したものが**組成式**である。

しかし、物質の世界はさらに複雑で、元素組成は同じでも異なった物質になる場合がある。これは、原子が分子になるとき、どれだけの数の原子が集まるか、またどのように原子がつながるかによって、違う分子、したがって違った物質として現れるからである。分子を構成する原子の種類と数とを表したものが**分子式**である。分子の中での原子の結合順序までをも表したものが**構造式**である（**表5･1**）。酢酸の場合を**図5･2**に示した。

原子の結合を価標を用いて表した構造式によって、物質は特定される。構造式によって、酢酸は同じ分子式を持っているヒドロキシアセトアルデヒドと区別される。

表 5·1　化学式の種類

構成	内容	表し方	化学式
物質を構成する	元素（原子）の種類	元素記号	組成式
	原子の数の比	下付きの数字	
↓			
分子を構成する	原子の種類	元素記号	分子式
	原子の数	下付きの数字	
↓			
分子の中での原子の結合順序	元素記号		構造式
	価標		
↓			
分子の中での原子の立体的配列（位置関係）			投影式

酢酸

組成式　CH_2O

分子式　$C_2H_4O_2$

構造式

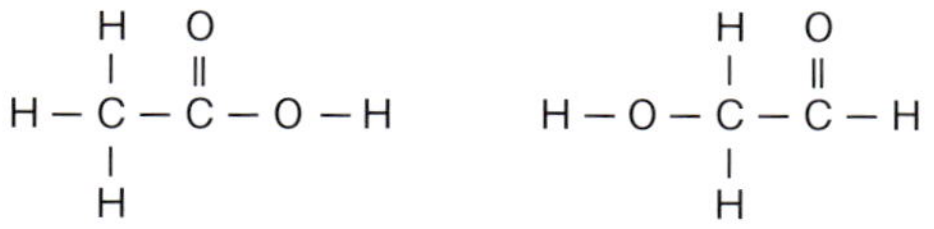

```
     H   O                      H   O
     |   ||                     |   ||
 H - C - C - O - H      H - O - C - C - H
     |                          |
     H                          H
```

酢酸　　　　ヒドロキシアセトアルデヒド

図 5·2　酢酸とその異性体

構造式は原子間の結合順序だけを表せばよいのだから、C_5H_{12} の分子式を持つ直鎖飽和炭化水素ペンタンは、**図 5·3** に示すように、横にしても、縦にしても、また曲げて書いてもよい。

構造式は、次のように簡略化することが出来る（こう書いても他の構造と間違えることはない）。

(1) C と H の結合をまとめて、CH_3、CH_2 などのように書く。

(2) 折れ線で炭素骨格を表し、多重結合、官能基（置換基）だけを表示する。水素も原則として表示しない。

ペンタンを (1), (2) のやり方で表現すると、それぞれ**図 5·4** のようになる。

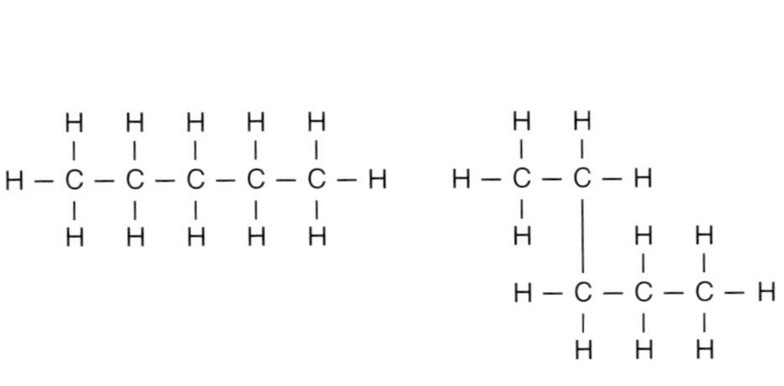

```
    H   H   H   H   H          H   H                 H
    |   |   |   |   |          |   |                 |
H - C - C - C - C - C - H  H - C - C - H         H - C - H
    |   |   |   |   |          |   |                 |
    H   H   H   H   H          H   |   H   H     H - C - H
                                   |   |   |         |
                               H - C - C - C - H H - C - H
                                   |   |   |         |
                                   H   H   H     H - C - H
                                                     |
                                                 H - C - H
                                                     |
                                                     H
```

図 5·3　ペンタンの構造式 ①

$CH_3-CH_2-CH_2-CH_2-CH_3$

図 5·4　ペンタンの構造式 ②

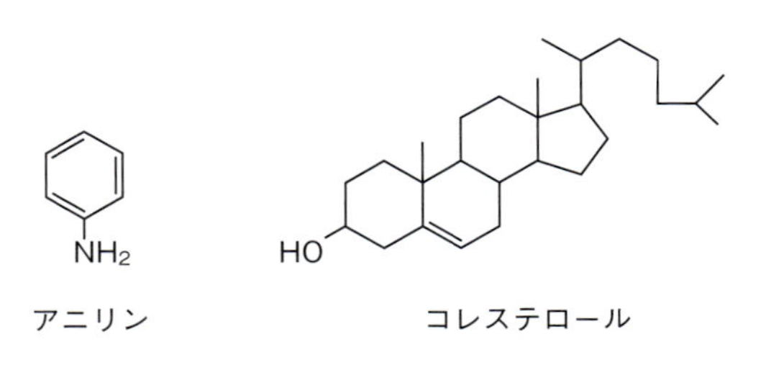

図 5·5　複雑な化合物の構造式

骨格の形や、多重結合、官能基などを印象付けるには、これらの表現の方が分かりやすい（**図 5·5**）。

構造式を書くときには、原子価を間違えないように注意しなければならない。特に、折れ線型の構造式を書くときには、表現されない水素を意識してやる必要がある。炭素の原子価を 3 や 5 にしてしまうのは初心者の間違えやすいところである（特に、配位結合を表すときに混乱が起こりやすい（⇒ 4-7 節「共有結合の分極」)）。

5-2 立体異性体

高校「化学」の学習でも鏡像異性(光学異性)の初歩を学ぶ。大学以上の化学では、立体異性はさらに重要になる。生物は、タンパク質(アミノ酸)、糖質、医薬品などは全て立体異性体を厳密に区別して作り出し、利用しているからである。

鏡像異性体(光学異性体)は、右手と左手の関係にある。全く同じ形をしていながら、左右対称で重なり合うことが出来ない。この三次元の違いを二次元の紙面で表現するためには、約束がいる。それには、立体化学の開拓者であったエミール・フィッシャーの規約が使われる(**図 5･6**)。すなわち、鏡像異性の原因となる**不斉炭素原子**(4つの異なる置換基を持った炭素)を正四面体の中央に置く。正四面体の縦の稜(りょう)の1つを紙面に置き、残りの2つの頂点を手前にして、正四面体を浮かせて、正面から見る(この置き方は、正四面体の常識的な置き方と違っているので注意を要する)。これを紙面に投影し、十字の中心を不斉炭素原子として置換基の位置を表すのが**フィッシャーの投影式**である。

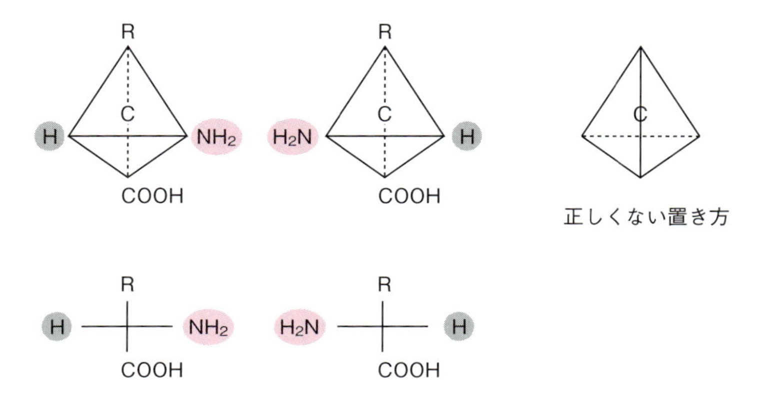

図 5･6　エミール・フィッシャーの規約に基づく α-アミノ酸の鏡像異性体の投影式
上が立体像，下が投影式．-------- は紙面上に接している．

常識的な置き方（**図 5·6** 上段右）をしてそれを投影すると、逆の鏡像異性体の構造を表したことになるので注意が必要である。

正四面体は、何を頂点に、何を右に置くか自由である。したがって、同じ鏡像異性体を表す投影式が 12 個あることになる。

練 習 問 題

1. 元素記号とその四隅に添えられた数字は何を意味するか。

2. 過酸化水素を、組成式、分子式、構造式で書け。

3. 次の化学式は何を表しているか。

$^{2}H_2O$,　$H_2{}^{18}O$,　^{2}HHO

4. 次の、イコールで結んだ 2 つの化学式はそれぞれ同じ物質を表しているが、その意味するところはどのように違うか。

(1) $Fe_3O_4 = FeO \cdot Fe_2O_3$　　(2) $FeSO_4 = Fe^{2+}(SO_4)^{2-}$

(3) $CH_4O = CH_3OH$

5. 次の化学式の誤りを正せ。

(1) ClNa　(2) $Fe^{+2}SO_4{}^{-2}$　(3) $CH_3-C-O-O-CH_2-CH_3$（酢酸エチル）

6. 次の各組の化合物にはどんな違いがあるか。

(1) $CH_3CO-OCH_2CH_3$ と $CH_3-O-COCH_2CH_3$

(2) $C_6H_5-NO_2$ と $C_6H_5-O-N=O$　　(3) CH_3-NO_2 と CH_3ONO_2

(4) CH_3-SO_2-OH と CH_3-O-SO_2-OH

7. 投影式は 90° 回転すると鏡像異性体の式になり、180° 回転するともとの立体構造を表す式になる。これを、CHFClBr を例にとり正四面体の図に戻って理解せよ。

8. CHFClBr（立体構造）と同じ立体構造を表す投影式を全て描け。

9. 次の分子式に可能な異性体の構造を全て描け。その中で、立体異性（幾何異性、鏡像異性）の関係にあるものを、立体異性の種類を示した上でくくって示せ。

C_2H_2ClBr,　C_2H_4ClBr

コラム

フィッシャーの投影式の使用上の注意

5-2 節で、フィッシャーの規約（約束）に基づく立体異性体の表現（投影式）を説明した。それでは、下図の **1a** と同じ立体配置を表す投影式はいくつ描けるだろうか？　答えは 12 個、対応する鏡像異性の投影式も同じく 12 個である。

次に、投影式を回転させるとどうなるか考えてみよう。**1a** を 90° 回転してみる。これを規約に従って正四面体の構造に戻してみると、**1a** と逆の立体配置を示すものになってしまう。**1a** を 180° 回転させたらどうなるだろうか？

90° 回転で逆の構造になるのだから、もう一回 90° 回転させれば元に戻るというのが答えである（読者は正四面体の構造に戻して確かめてください）。

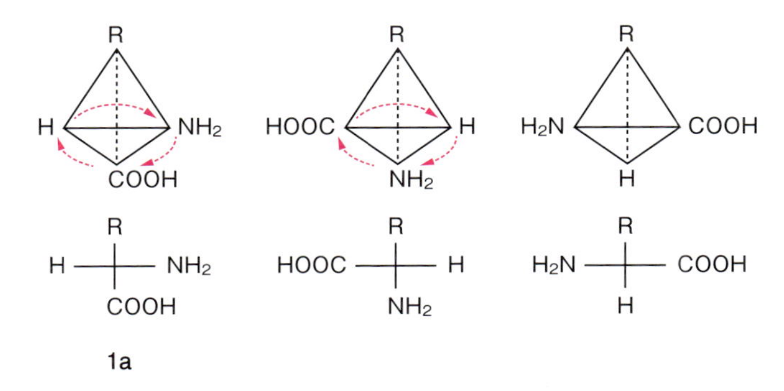

R を頂点にした **1a** と同じ立体配置の式は 3 つある．
H，NH_2，COOH を頂点にしたものも同様に 3 個ずつあるので
全部で 12 個．

R
H　　NH_2　90° 回転→　NH_2
COOH　R　　COOH
H

R　　NH_2　　R
H　NH_2　≠　R　COOH　≡　H_2N　H
COOH　　H　　COOH

6 化学反応

一つの物質が全く違った物質に変化する化学反応は、非常に面白く、化学の醍醐味である。化学反応は化学の中心である。

高校の段階では、反応を原子の離合集散として、化学方程式を用いて理解する。

高校「化学」から大学にかけて学習が進むと、反応が“なぜ”“どのような仕組みで”起こるのかを、化学結合を基に理解するようになる。

6-1 化学反応を見る視点

“化学”は変化（化ける）の学問である。物質の化学変化（＝反応：何かと何かを混ぜたら一瞬にして赤い沈殿が出来たとか、爆発するとかいう現象）は化学の中心となる課題である。自然の観察や実験を通して、反応を観察し、そこで起こっている原子・分子の離合集散を調べることは、化学に関心のある人の楽しみである。

高校までの勉強では、多様な化学反応は“暗記物”のように受け取られ、理屈の好きな学生には好まれない。大学レベルの勉強になると、化学結合の理解を基に、多くの反応を統一的に理解するようになる。「考えている反応が、果たして起こりうるのかどうか」、「反応はどのような過程を通って進むか」という問題は、高校、大学を通じて大きな勉強課題である。「反応が起こりうるのかどうか」について、高校では熱化学方程式で考察する。大学に進むとエネルギーの考察をさらに深め、エントロピー、自由エネルギーを使って、化学反応の方向、化学平衡などを理解する。化学反応の過程については、高校「化学」の学習内容になっているが、理工系の大学に進学した学生でも、ここまで学習していない（あるいは、入学試験の勉強をしていない）場合も多いであろう。

化学反応は結合の組み替えである。

陽イオンと陰イオンとのイオン結合で出来ている化合物を2種類混ぜると、お互いに相手を変えて、新しい化合物になることがある。例えば、硝酸銀の水溶液に塩化ナトリウムの水溶液を加えると、直ちに塩化銀の白い沈殿が出来る。

$$Na^+Cl^- + Ag^+NO_3^- \rightarrow \underset{\text{白色沈殿}}{Ag^+Cl^-} + Na^+NO_3^-$$

ただし、全ての場合に結合の相手が替わるわけではない。陽イオンと陰イオンとの親和性が高い組み合わせの化合物が出来るのである。上の場合には Ag^+ と Cl^- とが強く結び付き沈殿になるので、反応は右に向かって進む。

共有結合で出来た化合物においても、反応は結合の組み替えである。酢酸とエタノールとの反応による酢酸エチルの生成は、酢酸の CO－OH 結合がエタノールの $-OCH_2CH_3$ に取って代わられることによって起こる。

$$CH_3-\overset{\overset{\displaystyle O}{\|}}{C}-OH + H-O-CH_2CH_3 \rightarrow CH_3-\overset{\overset{\displaystyle O}{\|}}{C}-O-CH_2CH_3 + HO-H$$

初めて化学を学ぶ学生は、この反応を、

$$CH_3-\overset{\overset{\displaystyle O}{\|}}{C}-O-H + HO-CH_2CH_3 \rightarrow CH_3-\overset{\overset{\displaystyle O}{\|}}{C}-OCH_2CH_3 + H-OH$$

と考えるかもしれないが、一般のエステル化反応では、CO－OH の結合が切れることが分かっている。

化学反応を起こす前の化学物質のセットを「**原系**」（化学方程式の左辺）、反応で出来る化学物質のセットを「**生成系**」（化学方程式の右辺）という。

反応が原系から生成系へと進むためには、原系のエネルギー（厳密には自由エネルギー）が生成系のエネルギーより高くなくてはならない。反応はエネルギーの高い方から低い方へ進む。したがって、一般に化学反応が起こると熱が出る（自由エネルギーは熱エネルギー以外にエントロピーも含むので、熱を吸収する場合もまれにはある）。

化学方程式に、熱の出入りを書き足したのが熱化学方程式である。例えば、2 mol の H_2 と 1 mol の O_2 とが反応して、2 mol の H_2O が出来るときに 572 kJ（25 ℃ で）の熱が発生することを、

$$2H_2 + O_2 = 2H_2O + 572\ \mathrm{kJ}$$

のように表す。

反応させるのに、エネルギーを加えなければならないときにはマイナスをつける。すなわち

$$2H_2O = 2H_2 + O_2 - 572\ \mathrm{kJ}$$

ただし、エネルギーの加え方には工夫がいる。この水の分解反応では、電気エネルギーを使う電気分解が適当である。

一般に、反応は熱が発生する方向に進む。原系・生成系のエネルギーが均衡しているところでは、反応が途中で止まって平衡に達する（すなわち、原系と生成系の化学種が混在する）。

原系のエネルギーが生成系のエネルギーよりかなり高くても、すぐには反応が進まないことがある。これは、原系から生成系に行く間に、原系よりエネルギーの高い活性化状態（**遷移状態**）を通らなければならないためである。反応のために越えなくてはならないエネルギーの峠の高さが、**活性化エネルギー**である。これは、共有結合の組み替えを要する有機化合物の反応で特に問題となる。

原系、生成系のエネルギー関係によって反応がどう変わるかを**図 6･1** を使って説明しよう。

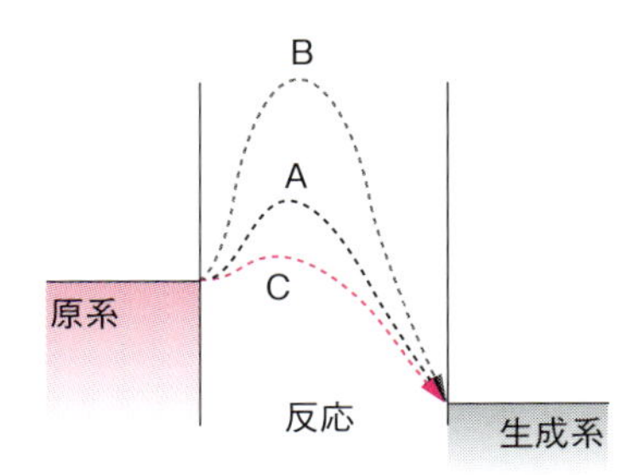

原系のエネルギーが生成系のエネルギーより高い反応（発熱反応）

A　反応の途中に通る遷移状態のエネルギーが，それほど高くも低くもない場合：反応がゆっくり進む．加熱すると速くなる．
B　遷移状態のエネルギーが高い場合：反応は極めてゆっくりにしか進まない．
C　触媒などによって，遷移状態のエネルギーが低くなった場合：反応熱を発生しながら反応はすみやかに進む．

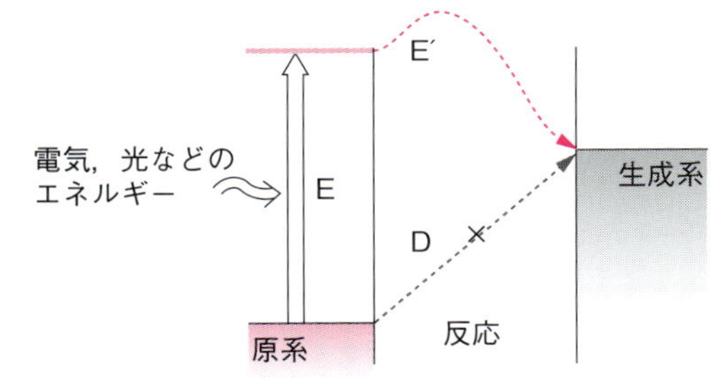

原系のエネルギーが生成系のエネルギーより低い反応

D　反応は進まない．
E, E′　原系の原子・分子に，電気，光などのエネルギーを加えて，生成系のエネルギーより高い状態にすると反応が起こる．

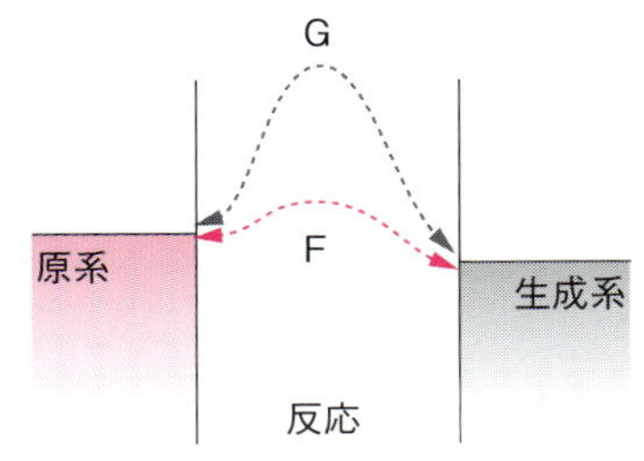

原系と生成系のエネルギーが同程度の場合

F　遷移状態のエネルギーが低い場合：すみやかに平衡に達する．
G　遷移状態のエネルギーが高い場合：ゆっくりと平衡に達する．

図 6·1　原系，遷移状態，生成系とエネルギー

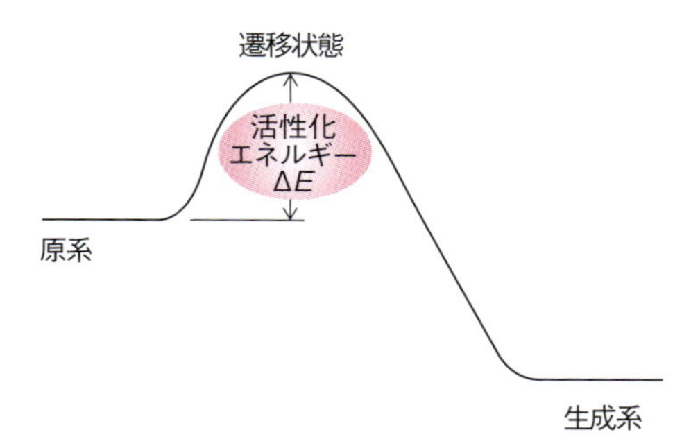

発熱反応（原系のエネルギーより生成系のエネルギーが低く，反応によってエネルギーの低い状態になる反応）でも，反応がゆっくりとしか進まない場合がある．それは，反応の途中で原系よりエネルギーの高い遷移状態を通るからである．

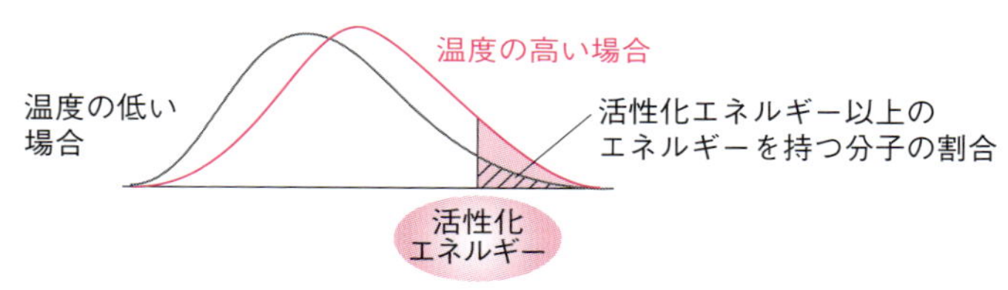

原系の分子のエネルギー分布

原系の分子は温度に応じたエネルギー分布を持っている．原系のたくさんの分子の中で，活性化エネルギーよりも大きなエネルギーを持つ分子だけが反応する．その割合は小さいので，反応はゆっくりにしか起こらない．温度が高くなるとエネルギー分布が右に寄り，エネルギーの高い分子の割合が増す．これが反応速度の上昇を起こす．

図 6·1　原系，遷移状態，生成系とエネルギー（つづき）

触媒は、遷移状態を変化させ、活性化エネルギーを低くすることによって反応速度を高める。

6-2　化学平衡とル・シャトリエの原理

化学平衡の学習においては、化学平衡の法則（質量作用の法則）とル・シ

コラム

見えない反応を見る

反応速度の実験から、見えないはずの反応の過程を見てきたように鮮やかに示す研究を紹介したい。それは、今から百年近くも前にイギリスのインゴルドによってなされたものである。

（高校の段階では学習しないが）C－ハロゲン（X で表す）結合は、非共有電子対を持ち負に帯電した OH^-, $-NH_2$ などの求核試薬（$Nu:^-$ で表す）と反応して、ハロゲンが求核試薬によって置き換わる。

$$R-X + Nu:^- \rightarrow R-Nu + X^-$$

この反応では 2 つの反応過程が考えられる。一つは、負に帯電した $Nu:^-$ が、正に帯電したハロゲンの付け根を攻撃しハロゲンを追い出す機構（S_N2）、もう一つは、わずかずつではあるが R－X が炭素陽イオンとハロゲン化物イオンとに解離し、炭素陽イオンは素早く求核試薬に捕捉される機構（S_N1）である。

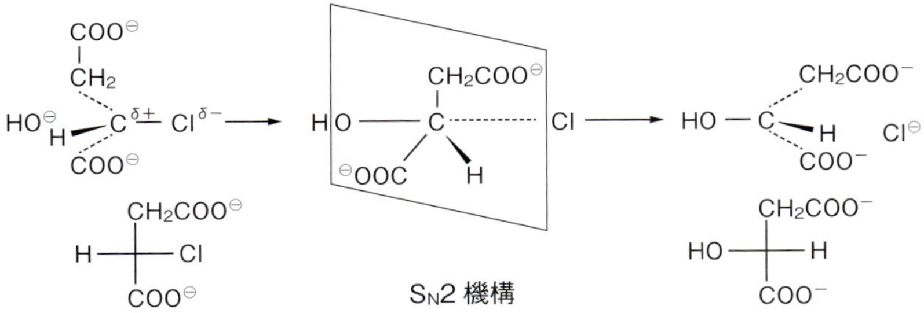

S_N2 機構

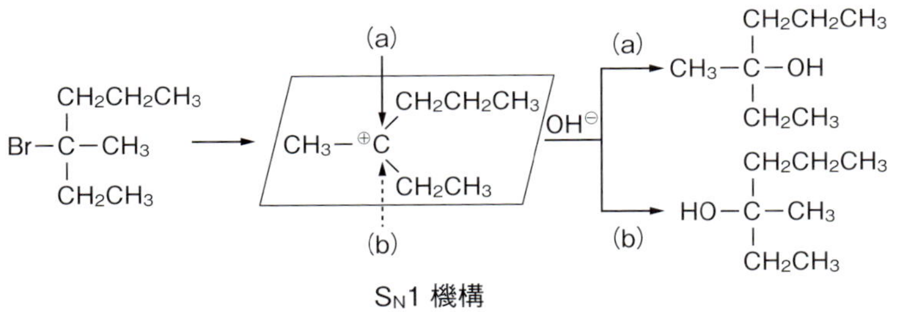

S_N1 機構

この 2 つは反応速度を調べることによって区別される。すなわち、S_N2 であれば、R－Nu の生成は R－X と $Nu:^-$ の濃度の積によって決まるのに、S_N1 では、R－X の濃度だけによって決まる。実験としては、S_N1 の濃度と反応速度との関係を見るだけで、2 つの機構を区別することが出来る。この 2 つの機構は、光学異性のR−Xを用いても区別される。図を見て考えてください。

以上のように、目で見ることも出来ず、一つの分子の反応は目にも止まらぬ速さで起こっているのに、反応の過程を知ることが出来るのである。

ャトリエの原理の理解が重要である。これらを、

$$N_2 + 3H_2 \rightleftarrows 2\,NH_3$$

を例に説明しよう。反応をどちら側から始めても、平衡に達した後では、各成分の濃度（アンモニア生成の反応は気体同士の反応なので、各成分の分圧＝濃度）の間に次の関係が成り立つ。これを化学平衡の法則（または質量作用の法則）という。

$$\frac{(\text{生成系（右辺）成分の濃度})^{\text{反応方程式の係数}}\text{の積}}{(\text{反応系（左辺）成分の濃度})^{\text{反応方程式の係数}}\text{の積}} = \text{定数}$$

気相反応のアンモニア生成の場合、濃度を分圧 p で表すと

$$\frac{{p_{NH_3}}^2}{p_{N_2} \times {p_{H_2}}^3} = K \tag{6.1}$$

この定数 K を平衡定数とよぶ。平衡定数は、全体の圧力などによって変わることはないが、温度が変わると変化する。

さて、ル・シャトリエの原理は、次のように表現される。「一般に、ある可逆反応が化学平衡にあるとき、濃度、圧力、温度の条件を変化させると、その変化を和らげるような方向に反応が進み、新しい平衡状態に達する。」

ル・シャトリエの原理を質量作用の法則に基づいて考察してみよう。平衡にある系に、体積を変えないようにして N_2 を加えてみよう。加えた直後には、N_2 の濃度（分圧：p_{N_2}）が大きくなるために、式(6.1)の左辺は K より小さくなってしまう。すると、N_2 の一部は H_2 と反応して NH_3 を作り、N_2 の濃度（分圧：p_{N_2}）を下げ、NH_3 の濃度（分圧：p_{NH_3}）を上げる。そして、系中の成分の濃度（分圧）が平衡定数 K に落ち着くのである。すなわち、N_2 を加えたので N_2 が減少する方向に反応が進む。

系全体にかかる圧力が急に2倍になった場合を考える。圧力がかかった直後には、分圧も2倍になる。この状態で式(6.1)の左辺を計算してみると、

$$\frac{(2\,p_{NH_3})^2}{(2\,p_{N_2}) \times (2\,p_{H_2})^3} = \frac{1}{4} \times K$$

となり、平衡定数と一致しない(その$\frac{1}{4}$になってしまっている)。そこで、分母が小さくなり(N_2とH_2とが反応して濃度が減り)、分子が大きくなる(NH_3の濃度が増す)ように反応が起こり、平衡定数に一致するまで反応が進む。アンモニア生成反応では、反応が右に進むと全体の物質量、したがって全体の圧力が小さくなる(原系の物質量の和4、生成系の物質量2)。圧力を高くすると、全体の圧力が小さくなる右方向に反応が進行する。

温度の影響は、質量作用の法則からは導き出せない。しかし、熱化学方程式の考察から理解することが出来る。

$$N_2 + 3H_2 = 2NH_3 + 92\,kJ$$

この式は、1 molのN_2と3 molのH_2が反応して、2 molのNH_3が生成するとき、92 kJの熱が発生することを示す。ル・シャトリエの原理は、アンモニアの生成反応において、温度を高くすると、熱を吸収して温度を下げる方向、すなわちNH_3が分解してN_2とH_2とになる方向に進むことを示す。

N_2とH_2とを反応させNH_3を作る反応は、化学平衡の面から見ると、高圧下、低温で行うのがよい。高圧を用いるのは当然であるが、温度を低くしすぎると、反応速度が小さくなり、平衡に達するまでの時間がかかりすぎて、実用にならない。この反応が実用になるためには、比較的低い温度でも反応を速く進めることの出来る触媒の開発が必要であった。

6-3 反応速度

化学反応には、Ag^+イオンとCl^-イオンとの反応のように一瞬にして終わってしまうものも、酢酸とエタノールから酢酸エチルが生成する反応のよ

うに加熱しても数十分かかる反応もある。また、自然環境の中で鉄がさびるのには数年かかる。反応の速さを知ることは、その反応を利用してものを作る場合、重要な情報になる。ここで問題になるのは次のようなことであろう。

(1) 反応がどのくらいの速さで進むのか？　反応の速度は数式ではどのように表現されるのか？

(2) 反応の速度は、どんな因子によって支配されているのか？
反応速度を支配する因子は
(2.1) 反応物の濃度
(2.2) 温度
(2.3) 触媒

などであるが、それらを変えると反応速度はどのように変わるか？ を理解し、さらに、

(3) 反応速度を知ることで、反応の本質に関して何が分かるか？(学問的に反応速度を研究することの意味は何か？)

と勉強が深まる。

高校の「化学」では、反応速度についてかなり詳しく学ぶ。まず、第1の問題、反応の速さは数式ではどのように表現すればよいのか？ に対する解答は、単位時間あたりに消費される反応物の濃度、あるいは単位時間あたりに生まれてくる生成物の濃度 (気相反応の場合には分圧の変化で表すのがよい)、すなわち $\dfrac{\Delta\text{濃度}}{\Delta\text{時間}}$ が反応速度である (Δは変化量を表す)。このように定義したとき、“反応の速さ”は“**反応速度** (英語でいうと rate：割合、v で表す)”という化学的な意味を与えられたことになる。化学方程式から分かるように、消費される反応物の量と生まれてくる生成物の量は比例しているのでどちらを測ってもよい。時間を t として、

$$v = -\frac{\Delta[\text{反応物}]}{\Delta t} = \text{比例定数}\left(\frac{\Delta[\text{生成物}]}{\Delta t}\right)$$

ここで、[ ]は濃度を表す。$-\frac{\Delta[\text{反応物}]}{\Delta t}$にマイナスが付いているのに、$\frac{\Delta[\text{生成物}]}{\Delta t}$にはマイナスが付いていないのは、反応物濃度が減っていくのに対し、生成物濃度は増加していくためである。

数学で微分を学習していれば、次のように書いてもよい。

$$v = -\frac{\mathrm{d}[\text{反応物}]}{\mathrm{d}t} = \text{比例定数}\left(\frac{\mathrm{d}[\text{生成物}]}{\mathrm{d}t}\right)$$

反応速度の因子 (2.1) の反応速度と反応物の濃度との関係に対する解答は、「反応速度は反応物の濃度の関数として表せる。しかし、それが1次関数 (比例) になるのか、2次関数になるのか、あるいは0次関数 (濃度によらない) になるのかは反応によって決まる*。」ということである。次の式でkは反応速度定数とよばれる定数であり、反応によってただ一つに決まる数値である。2つの反応物が反応する ($m\mathrm{A} + n\mathrm{B} = p\mathrm{C} + q\mathrm{D}$) 場合、反応速度

$$v = -\frac{\mathrm{d}[\text{反応物}]}{\mathrm{d}t} = k[\text{反応物 A}]^x[\text{反応物 B}]^y$$

において、x, yがいくつであるかは、反応方程式の係数m, nとは必ずしも一致しない (しかし、化学平衡の法則では、濃度の累乗は反応方程式の係数と同じで、$x = m, y = n$である)。

例えば、五酸化二窒素の分解は、

$$2N_2O_5 = 4NO_2 + O_2$$

であるが、反応速度はN_2O_5の濃度 (分圧) の2乗ではなくて、1乗に比例する (1次の反応)。

$$v = -\frac{\mathrm{d}[N_2O_5]}{\mathrm{d}t} = k[N_2O_5]$$

一方、ヨウ化水素の生成反応

$$H_2 + I_2 = 2HI$$

---

* 反応速度が反応物の濃度によってどのように変わるかを見るには、反応物の濃度を変えて反応速度を測ればよい。濃度を2倍にしたとき生成物の生成速度が2倍になれば、反応物の濃度に対し1次の反応である。

は、素直で、反応物 H_2 と I_2 のそれぞれの濃度の1次に比例する。全体として、2つの濃度の積に比例するので、2次の反応になる。

$$v = -\frac{d[HI]}{dt} = k[H_2] \times [I_2]$$

反応の速さ v は、条件によって様々に違うのに、このように数式化されると、反応速度定数 k と反応物の濃度との積によって表されることになり、反応の速さを定量的に表す指標が得られたことになる。

高校「化学」では、反応速度（反応速度定数）が温度によってどのように変わるかについても学ぶ。一般に、反応速度は温度の上昇とともに急激に増加する（**図6·2**左のグラフ）。

温度（T）と反応速度定数との関係は、

$$k = A e^{-\frac{\Delta E}{RT}} \tag{6.2}$$

で表される（**アレニウスの式**）。ここで、R は気体定数、A は頻度因子とよばれる定数（ここではこれ以上立ち入らない）、ΔE は活性化エネルギーである。この式の考察から、化学反応は、活性化エネルギー以上の高いエネルギーを持った分子だけが起こすことが出来るもので、温度が高いほど高いエネルギーを持つ分子の数が多いので（その割合が $e^{-\frac{\Delta E}{RT}}$ の関係式で示されている）、反応速度が大きくなることが結論出来る。式（6.2）の関係は、両辺の

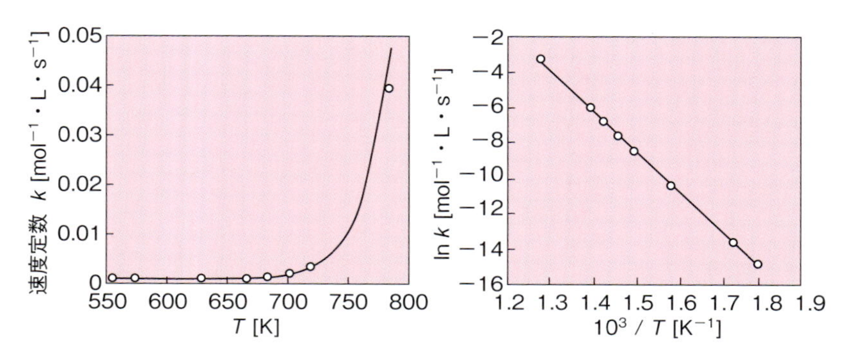

図6·2　反応速度と温度との関係

対数（自然対数）をとって、

$$\ln k = \ln A - \frac{\Delta E}{RT} \tag{6.3}$$

となり、反応速度定数の対数と温度の逆数とが直線関係になる（**図 6・2** 右のグラフ）。その直線の傾きは $-\frac{\Delta E}{R}$ で、これに気体定数の値を入れれば活性化エネルギー ΔE の値を算出することが出来る。式 (6.3) でも分かることだが、図を見ると温度が高い（$\frac{1}{T}$ が小さい：x 軸で原点に近い方）ほど反応が速いことが分かる。

このように、反応速度の基本的な考え方は、高校レベルの勉強でも出てくるのであるが、第 3 の問題 “反応速度を知ることで、反応の本質に関して何が分かるか？” は大学生としての勉強に残されているのかもしれない。

N_2O_5 の分解反応を例に考えてみよう。

$$2N_2O_5 = 4NO_2 + O_2$$

だと、2 分子の N_2O_5 が衝突して 4 分子の NO_2 と 1 分子の O_2 とになるようにも思える。しかしそれなら反応速度は濃度の 2 乗になるはずである（2 分

コラム

福井謙一のフロンティア電子軌道

日本で初めてノーベル化学賞を受けたのは福井謙一で、1981 年のことであった。受賞対象になったのは「化学反応過程の理論的研究」で、化学反応を決めているのは、電子を与える側の分子では電子の詰まっている軌道の中で最もエネルギーの高い軌道のもの、電子を受け取る側では空の軌道のうち最もエネルギーの低いものであることを主張し、量子力学の理論計算によって反応の特性が説明できることを示した。

福井らは、反応を支配している軌道をフロンティア電子軌道と名付けた。第二次世界大戦後の混乱がまだ治まらず、食料の確保もおぼつかない暗い時代（1952 年）に現れたフロンティアという言葉は、なんと新鮮に聞こえたことか。

子のN_2O_5が衝突する確率は濃度の2乗に比例する)。しかし実際には、反応速度は濃度の1次に比例している。これは、N_2O_5の自発的分解がまずあって(この場合、この反応が一番起こりにくいので全体の反応速度がこれによって決まってしまう:**律速段階**)、その後、いくつかの反応が続いて反応が完結することを示している。反応速度以外の情報も総合した場合の分解には、次のような反応(一つ一つを素反応という)が続いて起こっていることが分かった。

第1段階 $N_2O_5 \rightarrow N_2O_3 + O_2$ (遅い、律速段階)

第2段階 $N_2O_3 \rightarrow NO_2 + NO$ (速い)

第3段階 $N_2O_5 + NO \rightarrow 3NO_2$ (速い)

このように、反応速度の解析は、一見簡単に見える反応が複雑な過程を通って進んでいる(反応機構)ことを明らかにしてくれる。また、活性化エネルギーも、「反応が“なぜ”“どのように”起こるか?」を知るための重要な情報である。

最後に触媒について考えてみよう。触媒は、“少量加えるだけで反応速度を変える(多くの場合は反応速度を上げる)が、反応の前後でそれ自身は変化しない物質”と定義される。例えば、過酸化水素の分解を促進する酸化マンガン(IV)(MnO_2:二酸化マンガン)がそれである。また、触媒が変わると違う反応が起こることもある。

$$HCOOH \xrightarrow{\text{Ni または ZnO}} H_2 + CO_2$$

$$HCOOH \xrightarrow{H^+ \text{ または } Al_2O_3} H_2O + CO$$

触媒がなぜ反応を変えたり、反応速度を上げたりするのだろうか? それは、触媒が関与する反応が起こるようになり(触媒は一時的には変化することが多い)、反応過程が触媒のないときとは違ってしまうためである。反応が終わると、触媒は元に戻って変化がないように見える。

練習問題

1. 次の言葉を説明せよ。
化学平衡，　化学平衡定数，　ル・シャトリエの原理，　反応速度，
反応速度定数，　活性化エネルギー

2. 化学反応が起こりうるかどうかは何によって決まるか。化学反応が平衡になるのはどのような場合か。化学反応の速度は何によって決まるか。

3. 気相反応 $N_2O_4 \rightleftarrows 2NO_2 - 57.3\,kJ$ において、次の条件の変化が反応の進行方向をどのように変えるかを、ル・シャトリエの原理を基に考察せよ。
(1) 圧力を増す　　(2) 容器の体積を広げる　　(3) 温度を下げる

4. $N_2O_4 \rightleftarrows 2NO_2$ の 25 ℃ における圧平衡定数 $K_p = \dfrac{(p_{NO_2})^2}{p_{N_2O_4}}$ は 0.15 atm（ここで、圧力の単位は気圧 1 atm = 1013 hPa を用いた）である。
(1) 25 ℃, 1 atm での平衡混合物の N_2O_4, NO_2 の分圧（モル比）を求めよ。
(2) 温度を変えないで、圧力を 2 atm にしたときの N_2O_4, NO_2 の分圧（モル比）を求めよ。また、このときの混合気体の体積を求めよ。
(3) 温度を変えないで、体積を 2 倍にしたときの N_2O_4, NO_2 の分圧（モル比）を求めよ。また、このときの混合気体の圧力を求めよ。

5-1. 室温（300 K とする）が 10 K 上がったとき、反応速度（正確には反応速度定数）が 2 倍になった。このときの活性化エネルギーは、何 $kJ \cdot mol^{-1}$ か。

5-2. 上の条件で反応速度が 8 倍になったとすると活性化エネルギーは何 $kJ \cdot mol^{-1}$ か。

6. 反応物 R が 1 次の反応で生成物 P に変化するときの反応時間 t における R の濃度を [R] とすると、$-d[R]/dt = k[R]$ という微分方程式が成り立ち、これを積分すると、$[R] = [R]_0 e^{-kt}$ となる。ただし、$[R]_0$ は R の $t = 0$ における濃度。[R] が $[R]_0$ の $\dfrac{1}{2}$ になる時間（半減期）を求めよ。また $\dfrac{1}{4}$ になる時間を求めよ。1 次の反応では、濃度が半分になる時間が一定である。放射性物質の崩壊も 1 次の反応に従う。

7. ^{137}Cs（原子力発電所の事故で周辺を汚染した放射性元素の中で重要なもの）の半減期は約 30 年である。これから出る放射線が約 1 万分の 1 になるのに何年かかるか。

8. 10^6 Bq（1 秒間に 100 万個の原子（核）が壊変する）の放射線は、何グラムの ^{137}Cs から発せられるか。

7 酸・塩基／酸化・還元

基礎的な化学反応、酸・塩基と酸化・還元についての高校化学の理解をさらに深める。これらの定量的扱いにも触れる。

高校ではアレニウスの酸・塩基を主に、ブレンステッドの酸・塩基にも触れる。大学では、ブレンステッド酸・塩基に基づいて議論を進める。すなわち酸・塩基の強さは溶媒との関連で決まること、また、塩の加水分解や緩衝溶液の pH の計算などを定量的に扱う。さらにルイスの酸・塩基にも触れて、酸・塩基の理解を拡げ、深める。

酸化・還元については、高校では電子の授受、金属のイオン化傾向などを学ぶが、後者については大学では標準電極電位という観点から理解を深める。電気分解についても高校での知識を整理する。

【酸・塩基】

7-1　アレニウス説とブレンステッド説

酸・塩基の概念は、化学の基本であるとともに、広い意味の酸・塩基反応は化学反応一般を論ずることにもなる。ここでは、最も基本的な酸・塩基の考え方から、錯体や有機化学反応にも通ずるルイスの酸・塩基までを述べる。

高校で学んだように、水溶液中で水素イオンを生じる物質を酸という。また、水酸化物イオンを生じる物質、またはほかの物質から水素イオンを受け

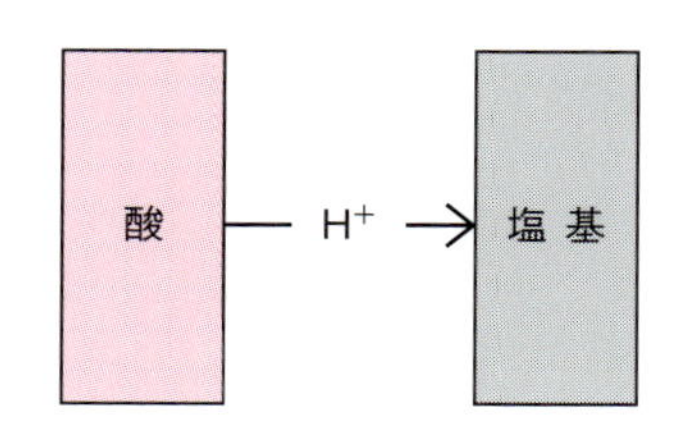

図 7･1　酸と塩基

取る物質を塩基という（水溶液中では水素イオンはオキソニウムイオン H_3O^+ として表される）（**図 7･1**）。

例えば、硫酸 H_2SO_4 は水溶液中で次のように電離して水素イオンを生じるので酸である。

$$H_2SO_4 \rightarrow H^+ + HSO_4^-, \qquad HSO_4^- \rightleftarrows H^+ + SO_4^{2-}$$

水酸化ナトリウムは、水溶液中で電離して、水酸化物イオンを生じるので塩基である。

$$NaOH \rightarrow Na^+ + OH^-$$

水溶液にした場合、電離度が 1 に近い酸や塩基を強酸、強塩基という。上の例では、硫酸の第一段の電離や水酸化ナトリウムの電離はほぼ 100 %（電離度 1）であり、硫酸は強酸、水酸化ナトリウムは強塩基である。

水溶液中で、水素イオンを生じる物質が酸で、水酸化物イオンを生じる物質が塩基という定義は、19 世紀末のアレニウスの電離説によるものである。20 世紀に入って、ブレンステッドは、新しい説を発表した。すなわち酸とは、水素イオンを出すことが出来る物質であり、塩基とは、水素イオンを受け取ることの出来る物質である、というものである。

ブレンステッド説は、アレニウス説を拡張したものと考えてよい。例えば NH_3 は、それ自身 OH^- を持っていないが、

$$NH_3 + H_2O \rightleftarrows NH_4^+ + OH^-$$

のような化学平衡で OH^- を生じるので、アレニウスの塩基と考えられよう。一方、ブレンステッド説では、

解 説

身 近 な 酸

身近な酸の例を挙げる。炭酸 ($H_2O + CO_2$) は弱い酸であり、炭酸飲料の成分としてよく知られている。また、胃酸は希塩酸である。有機酸ではクエン酸は柑橘類の酸味成分、ビタミンCはL-アスコルビン酸で、いずれも水溶液中で弱酸である (**図 7･2**)。

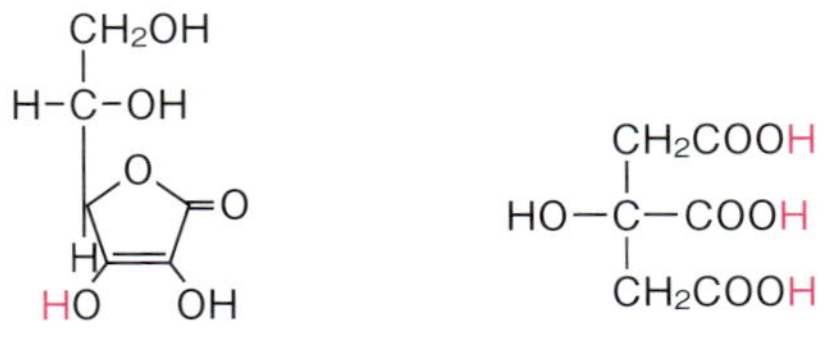

ビタミンC
(L-アスコルビン酸)

クエン酸

赤で示したOHのHがH^+としてわずかに電離する.

図 7･2　身近な有機酸の例

$$NH_3 + H^+ \rightleftarrows NH_4{}^+$$

のようにNH_3はH^+を受け取ることが出来るので、やはり塩基である。同時に$NH_4{}^+$は、H^+を出してNH_3になることが出来るので、酸ということになる (アレニウス説では$NH_4{}^+$のようなイオンは酸とはいわない)。

7-2　強酸・弱酸・強塩基・弱塩基

硝酸、塩酸などは強酸、酢酸は弱酸、また水酸化ナトリウムは強塩基で、アンモニアは弱塩基といわれるが、これはその酸または塩基の独自の性質であろうか。高校の化学ではあまりはっきり述べていないが、ブレンステッド説は溶媒の関わりを明確に示している。オキソニウムイオンH_3O^+は、H^+を出すことが出来るので酸である。逆にこの場合、H_2OはH^+を受け取るこ

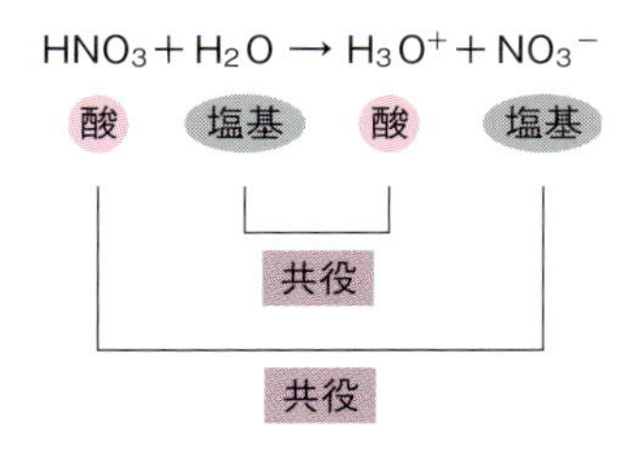

図 7･3　共役酸と共役塩基の関係

とが出来るので塩基である。また、水の解離、

$$H_2O \rightleftarrows H^+ + OH^-$$

では、H_2O が酸、OH^- が塩基となる。

例えば硝酸 HNO_3 は水溶液中で、

$$HNO_3 + H_2O \rightarrow H_3O^+ + NO_3^-$$

のように解離するが、これは HNO_3 と H_2O を比べて、前者の方が H^+ を放出しやすいので、溶媒の H_2O に H^+ を与えると考えることが出来る。つまり HNO_3 が酸、H_2O が塩基である。酸・塩基の強弱は溶媒との関連で相対的に決まることが分かるであろう。なお、上の例で、NHO_3 と NO_3^- とは互いに酸と塩基の関係にあるが、これを**共役酸・共役塩基**の関係という。H_3O^+ と H_2O の関係も同様である (**図 7･3**)。

硝酸、塩酸、過塩素酸などは、水溶液 (つまり溶媒が水) では全て強酸であるが、酢酸溶媒中では弱酸である。その中では過塩素酸が最も H^+ を放出しやすく、強い酸である。水溶液中の強酸は全て電離していて、HNO_3, HCl のような分子の形では存在しない。つまり全て H_3O^+ という酸の状態にまで揃わされている。これは水平化効果 (**図 7･4**) といわれ、言い換えると、水溶液中で存在する最も強い酸はオキソニウムイオン H_3O^+ である。水以外の溶媒を用いる場合には、それぞれの溶媒でオキソニウムイオンに代わる共役酸を考えなければならない。

例えば、液体アンモニアを溶媒とする溶液では次のような解離が存在する。

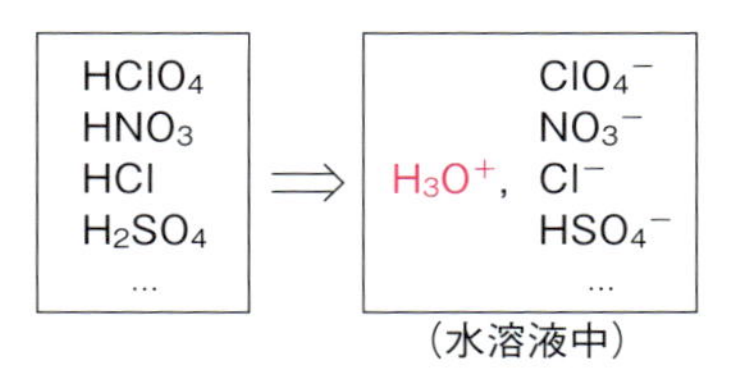

図 7·4　水平化効果

$$2NH_3 \rightleftarrows NH_4^+ + NH_2^-$$

これは水の解離

$$2H_2O \rightleftarrows H_3O^+ + OH^-$$

に対応するものである。液体アンモニアの塩基性は水より強い（酸性は水より弱い）。水溶液中ではわずかに解離する酢酸も、液体アンモニア中では強く解離する。酢酸を HOAc で表すと、

$$HOAc + NH_3 \rightarrow OAc^- + NH_4^+$$

また、過塩素酸は氷酢酸のような酸性の溶媒中では、水溶液中ほど強酸ではあり得ない。

$$HClO_4 + HOAc \rightleftarrows H_2OAc^+ + ClO_4^-$$

この場合、$HClO_4$ と H_2OAc^+ は共存し、水平化効果は起きていない。

7-3　塩の加水分解

酢酸ナトリウムの水溶液が塩基性を示し、一方、塩化アンモニウムの水溶液が酸性を示すことは**塩の加水分解**として知られている。例えば前者の場合、次の 2 つの平衡が考えられる。

$$CH_3COONa \rightarrow CH_3COO^- + Na^+ \tag{7.1}$$

$$CH_3COO^- + H_2O \rightleftarrows CH_3COOH + OH^- \tag{7.2}$$

定性的には、次のように説明される。式 (7.1) では塩の水溶液なので、平衡はほぼ完全に右に片寄っている。逆に酢酸は弱酸であるため、酢酸イオンの

多くは式 (7.2) のように水と反応して OH^- を生じるので、溶液は塩基性 (アルカリ性) となる[*1]。

塩化アンモニウムの場合は、

$$NH_4Cl \rightarrow NH_4^+ + Cl^- \quad (7.3)$$

$$NH_4^+ + H_2O \rightleftarrows NH_3 + H_3O^+ \quad (7.4)$$

のような平衡式が考えられよう。

ブレンステッド説を使えば、加水分解は特別の反応ではなく、酸－塩基反応として説明出来る。酢酸ナトリウムの場合で考えると、H_2O は CH_3COO^- と比べると強い酸なので、酢酸イオンに水素イオンを与えて酢酸分子とし、自身は水酸化物イオンとなるので、溶液は塩基性となる。

ここで 0.1 $mol \cdot L^{-1}$ 酢酸ナトリウム溶液の pH を求めてみよう。式 (7.2) の平衡定数 K は次のように示される。

$$K = \frac{[CH_3COOH][OH^-]}{[CH_3COO^-]} \quad (mol \cdot L^{-1}) \quad (7.5)$$

酢酸の酸としての解離定数 (電離定数) K_a を 2.75×10^{-5} とする。

$$CH_3COOH \rightleftarrows CH_3COO^- + H^+$$

$$K_a = \frac{[CH_3COO^-][H^+]}{[CH_3COOH]} = \frac{[H^+][OH^-]}{K} = 2.75 \times 10^{-5} \quad (7.6)$$

$$K = \frac{[H^+][OH^-]}{K_a} = \frac{1.0 \times 10^{-14}}{2.75 \times 10^{-5}} = 3.64 \times 10^{-10} \quad (7.7)$$

式 (7.5) で $[CH_3COOH] \fallingdotseq [OH^-]$, $[CH_3COO^-] \fallingdotseq 0.1$ と考えられるので、これに式 (7.7) の数値を入れて、$[OH^-] \fallingdotseq 6.0 \times 10^{-6}$, $pOH = 6 - 0.778 = 5.22$, $pH + pOH = 14.0$ から、$pH \fallingdotseq 8.8$ が得られる (pH, pOH の値は、$pH = -\log[H^+]$, $pOH = -\log[OH^-]$ で与えられる) (⇒7-5 節「水素イオン指数 (pH)」)。

[*1] 塩基性とアルカリ性はほぼ同義であるが、水によく溶ける塩基をアルカリという。アラビア語の kali (灰) に由来し、灰の水による抽出液が塩基性を示す。

7-4　ルイスの酸・塩基

ブレンステッドの酸・塩基をさらに拡張したルイスの酸・塩基について述べる。1923 年 G. N. ルイスが提唱したものである。

ブレンステッドの塩基が水素イオン（プロトン）を受け取ることが出来るのは、ブレンステッド塩基には非共有電子対があるためである。例えば、

$$H^+ + \left[:\underset{\cdot\cdot}{\overset{\cdot\cdot}{O}}:H\right]^- \rightarrow H:\underset{\cdot\cdot}{\overset{\cdot\cdot}{O}}:H$$

のように、水酸化物イオンの非共有電子対がプロトンに共有されて水素と酸素の間に配位結合（共有結合）が生じる。プロトン以外にも、ブレンステッド塩基の非共有電子対を共有出来るものはたくさんあるわけなので、ルイスは、「酸は、電子対を受け取れるもの（アクセプター）であり、塩基は、電子対を与えられるもの（ドナー）である」と定義した。

錯イオンの生成反応も、ルイスの酸・塩基反応と見なせる。例えば、アンモニア水中で銀イオンが作るジアンミン銀(I)イオンを見てみよう。

$$Ag^+ + 2:\underset{\underset{H}{\cdot\cdot}}{\overset{\overset{H}{\cdot\cdot}}{N}}:H \rightarrow \left[H:\underset{\underset{H}{\cdot\cdot}}{\overset{\overset{H}{\cdot\cdot}}{N}}:Ag:\underset{\underset{H}{\cdot\cdot}}{\overset{\overset{H}{\cdot\cdot}}{N}}:H\right]^+$$

上の例では、銀イオンはアンモニアの非共有電子対を受容するルイス酸ということになる。

有機化合物は、一つの分子の中を酸の部分と塩基の部分に分けて考えることにより、ルイスの酸塩基の考えで解釈出来ることがある。例えば、次の反応で、ヨードメタン（ヨウ化メチル）の塩基部分がヨウ化物イオンとして放出され、より塩基性の強い水酸化物イオンを塩基部分として含むメタノールが出来ると考える。

$$[\mathrm{H}:\ddot{\underset{..}{\mathrm{O}}}:]^- + \mathrm{H}:\overset{\mathrm{H}}{\underset{\mathrm{H}}{\mathrm{C}}}:\ddot{\underset{..}{\mathrm{I}}}: \rightarrow \mathrm{H}:\overset{\mathrm{H}}{\underset{\mathrm{H}}{\mathrm{C}}}:\ddot{\underset{..}{\mathrm{O}}}:\mathrm{H} + :\ddot{\underset{..}{\mathrm{I}}}:^-$$

7-5　水素イオン指数（pH）

水は極めてわずかに電離して水素イオン（H^+、より正しくはオキソニウムイオン、H_3O^+）と水酸化物イオン（OH^-）を生じている。

$$H_2O \rightleftarrows H^+ + OH^- \quad \text{または}$$

$$2H_2O \rightleftarrows H_3O^+ + OH^-$$

水素イオン濃度［H^+］と水酸化物イオン濃度［OH^-］は純水中では等しく、25 ℃では 10^{-7} mol·L^{-1} である。水溶液が酸性になると、［H^+］が大きくなるが、そうなると上の式の平衡が左へ移動して、［OH^-］は小さくなる（ル・シャトリエの原理）。アルカリ性の水溶液中では逆のことが起こる。結局、水溶液中では、2つのイオンの濃度の積、［H^+］［OH^-］は、温度一定では一定となり、常温では 1×10^{-14} (mol·L^{-1})^2 である。これを**水のイオン積**といい、K_W で表す（水の**自己プロトリシス定数**とする教科書もある）。

H^+ か OH^- の一方の濃度が分かれば、水のイオン積から他方の濃度も分かる。酸性・塩基性の強さは、水素イオン濃度で示すことが出来る。［H^+］$= 10^{-a}$ mol·L^{-1} のように表したとき、a の値で水素イオン濃度を表現することが行われており、この値を **pH**（**水素イオン指数**）という。pH は無名数であるが、その数値は $-\log$［H^+］で計算出来る（水素イオン指数は溶液の酸性の強さを表すものである。pH はピーエイチと読む。昔はドイツ語式にペーハーと読んでいた。pH の値が小さいほど溶液の酸性が強い。pH = 7 が中性で、それより高くなると溶液は塩基性である）。

［例］　0.02 mol·L^{-1} の塩酸の pH を求める。

　　$0.02 = 2 \times 10^{-2} =$［$H^+$］であるから、

$$\mathrm{pH} = -\log[\mathrm{H^+}] = -\log(2\times10^{-2}) = -\log 2 + 2$$
$$= -0.30 + 2 = 1.70$$

実際に測定される pH は、水素イオン濃度よりはその活量に依存している。

7-6　緩衝溶液（緩衝液）

酸に塩基を加えれば pH は高くなり、塩基に酸を加えれば pH は低くなる。ある種の溶液では、酸または塩基を加えたり、あるいは薄めたりしたときに、pH があまり大きく変化しないので、**緩衝溶液**（緩衝液）といわれる。

酢酸と酢酸ナトリウムの混合溶液がこの例である。

$$CH_3COOH + OH^- \rightleftarrows CH_3COO^- + H_2O$$
$$CH_3COO^- + H_3O^+ \rightleftarrows CH_3COOH + H_2O$$

塩基を加えると、酢酸分子と反応して消費し、酸を加えれば、酢酸イオンと反応して酢酸分子となる。つまり、酸や塩基を加えても、pH はあまり変わらない。一般的にいうと、互いに共役であるような一対の酸・塩基を含む溶液が緩衝溶液となる。酢酸と酢酸イオンは互いに共役な酸・塩基である。

緩衝溶液の pH は次のように求められる。

$$K_a = \frac{[H_3O^+][CH_3COO^-]}{[CH_3COOH]}$$

$$[H_3O^+] = K_a \times \frac{[CH_3COOH]}{[CH_3COO^-]}$$

$$-\log[H_3O^+] = -\log K_a - \log\frac{[CH_3COOH]}{[CH_3COO^-]}$$

$$\mathrm{pH} = \mathrm{p}K_a - \log\frac{[CH_3COOH]}{[CH_3COO^-]} \qquad \mathrm{p}K_a = -\log K_a$$

緩衝溶液の pH は、共役酸と共役塩基の濃度の比の関数であることが分かる。これらは同一溶液中に存在するので、体積は相殺され、酸と塩基のモル比の関数でもある。

生命現象に深く関わる血液の緩衝作用について触れておく。動物が体内で酸性またはアルカリ性となる食物を摂取したり、代謝によって酸性またはアルカリ性の物質を生成しても、血液の pH は 7.35～7.45 程度に保たれる。例えば、代謝の過程で二酸化炭素が生じるが、ヘモグロビン（HHb）[*2]との間に次の平衡が成立する。

$$H_2O + CO_2 + Hb^- \rightleftarrows HCO_3^- + HHb$$

炭酸（$H_2O + CO_2$）は HHb より強い酸であるので、この平衡は右に偏っている。$H_2O + CO_2 \rightleftarrows HCO_3^- + H^+$ の平衡で、

$$\mathrm{pH} = \mathrm{p}K_\mathrm{a} - \log\frac{[CO_2]}{[HCO_3^-]}$$

例えば血液中で pH ＝ 7.4 であったとすると、炭酸の $\mathrm{p}K_\mathrm{a}$ は 6.1 程度であるので、

$$7.4 = 6.1 - \log\frac{[CO_2]}{[HCO_3^-]}$$

したがって、$[HCO_3^-]/[CO_2] = 20$ 程度となる。

血液中に生じた HCO_3^- は肺へ送られ、酸素と結合したヘモグロビンの作用で

$$HCO_3^- + HHbO_2 \rightleftarrows HbO_2^- + H_2O + CO_2$$

の反応が進み、CO_2 は呼気となって体外に吐き出される。つまり炭酸による酸性が抑えられる。この場合、酸素ヘモグロビン $HHbO_2$ は HHb より強い酸であり、HCO_3^- は CO_2 に変わりやすい。

血液中の緩衝剤としては、リン酸塩も重要である。

$$H_2PO_4^- + H_2O \rightleftarrows HPO_4^{2-} + H_3O^+$$

リン酸二水素イオン $H_2PO_4^-$ の $\mathrm{p}K_\mathrm{a}$ は 7.2 程度であるので、血液の pH に近く、有効な緩衝作用を示す。

[*2] ヘモグロビンは鉄を含む複雑な構造を持つ化合物であり、普通は記号 Hb で表される。ここではこの分子中にある解離性の水素の働きを示すため、ヘモグロビンを HHb で示した。Hb^- は H^+ を放ったヘモグロビンである。

【酸化・還元】

7-7　酸化数

酸と塩基の反応は、ルイスの説に従えば電子対の授受という結論であったが、これから述べる酸化・還元は原子間の電子の授受に帰結する。順を追って述べる。

化学反応において、酸素と結合するか、水素を失う反応が酸化であり、酸素を失うか、水素と化合する反応が還元である。さらに一般化すると、電子を失う反応が酸化であり、電子を得る反応が還元である。

銅粉を空気中で加熱すると、酸素と反応して酸化銅(Ⅱ)が生じる。銅は「酸化」された、という。

$$2Cu + O_2 \rightarrow 2CuO$$

また、酸化銅(Ⅱ)を加熱しながら水素と反応させると単体の銅が生じる。このとき、酸化銅(Ⅱ)は「還元」された、という。

$$CuO + H_2 \rightarrow Cu + H_2O$$

銅の酸化の反応について電子の動きを見てみよう。

$$\begin{array}{lll} 2Cu & \rightarrow & 2Cu^{2+} + 4e^- \\ O_2 + 4e^- & \rightarrow & 2O^{2-} \\ \hline 2Cu + O_2 & \rightarrow & 2CuO \end{array}$$

銅原子1個は電子2個を酸素原子に与えている。ある原子が電子を失ったとき、その原子は酸化されたのである。酸素原子は電子を得たので、還元されている。

同様の例として、「草木染め」で知られる藍の成分のインジゴは、空気に触れて酸化され、初めて藍色に発色する（**図7·5**）。

また、酸化還元指示薬（酸化還元滴定に用いられる）1,10-フェナントロリン鉄(Ⅱ)錯体は濃赤色であるが、鉄(Ⅱ)イオン（Fe^{2+}）が鉄(Ⅲ)イオン（Fe^{3+}）に

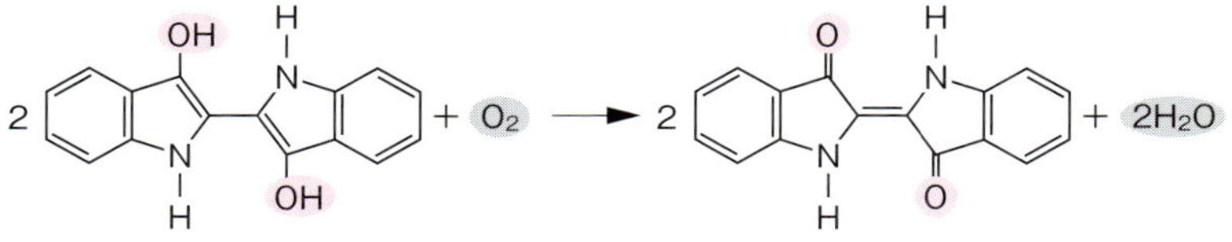

還元型インジゴ(無色)　インジゴ(藍色)

図 7·5 インジゴの発色

$[Fe(phen)_3]^{3+} + e^- \rightleftarrows [Fe(phen)_3]^{2+}$

淡青色　濃赤色

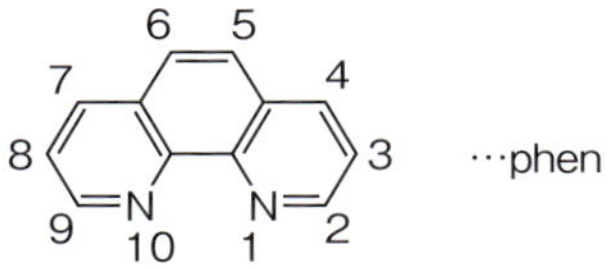

I 1,10-フェナントロリン 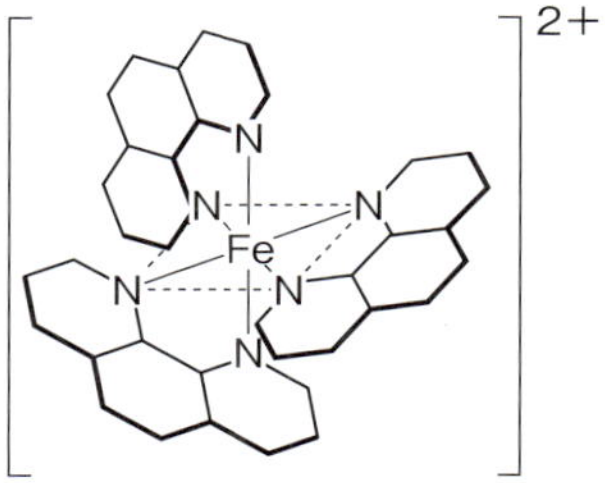　II $[Fe(phen)_3]^{2+}$ キレート

図 7·6 1,10-フェナントロリンと鉄(II)錯体

酸化されると、錯体の構造はそのままで淡青色になるので鉄の定量に役立つ(**図 7·6**)。

酸化還元反応に関連する物質中の各原子に、**酸化数**という正・負の数値を割り当てる。酸化数の増加や減少によって、酸化・還元を判断することが出来る。

酸化数の概念は、化合物中の酸素原子の酸化数を −II、水素原子の酸化数を +I とすることから始まっている。水素が H^+ の状態、酸素が O^{2-} の状態を取りやすいことからすれば、妥当なことといえよう。無機化合物のように、イオン性の物質が多い場合に理解しやすい考え方であるが、酸化数は、イオン性、共有性に関わらず、成分原子の間に電子を割り当てていくものである。すなわち、分子性物質についても、酸化・還元の概念を共通して使えるようにしている。そのためには、電気陰性度の大きい原子の方に電子を割り当てるのである。例えば、窒素は、たかだか4個の共有結合を作るだけであるが、NH_3の中のNの酸化数は −3、HNO_3の中のNの酸化数は +5と割り当てる（原子の酸化数は単体中では0、単原子イオンではイオンの電荷で表す。アルカリ金属では +I、アルカリ土類金属では +II など。酸素原子の酸化数は −II であるが、H_2O_2, Na_2O_2などの過酸化物中では −I となる。なおローマ数字でなく、アラビア数字で書いてもよい）。

同種の原子で構成されるH_2やO_2では、電子対は等分に割り当てるので、構成原子の酸化数は0となる。また、化合物中の成分原子の酸化数の総和は0となる。

酸化数の分かりにくい化合物もある。同じ元素の原子が異なる酸化数で含まれるような場合である。構造が分かっていれば、それぞれの酸化数を割り当てることが出来る。例えば、酸化還元滴定に用いられるチオ硫酸イオン$S_2O_3^{2-}$は、四面体構造であり、中心のSと頂点のSの酸化数が異なると考えられる（硫酸イオンの1つのOをSで置き換えたと考えれば分かりやすい）（**図7·7**）。

構造が分かっていないと、Sの酸化数は2つのSの平均値、

$$\frac{(6-2)}{2} = +2$$

となる。チオ硫酸イオンが酸化されて出来る四チオン酸イオン$S_4O_6^{2-}$では、

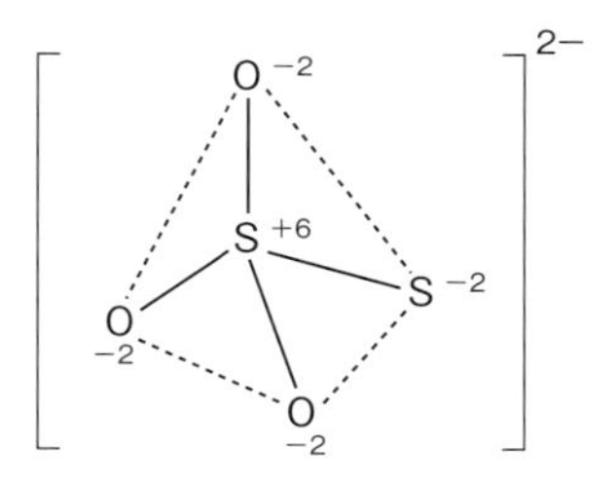

多原子イオン中の各原子の酸化数の総和は多原子イオンの電荷に等しい（ここでは下の計算式と対応させるため，酸化数をアラビア数字で示した）．

$$+6 - 2 + (-2\times 3) = -2$$

S　S　O

1個　1個　3個

図7·7　チオ硫酸イオン中の各原子の酸化数

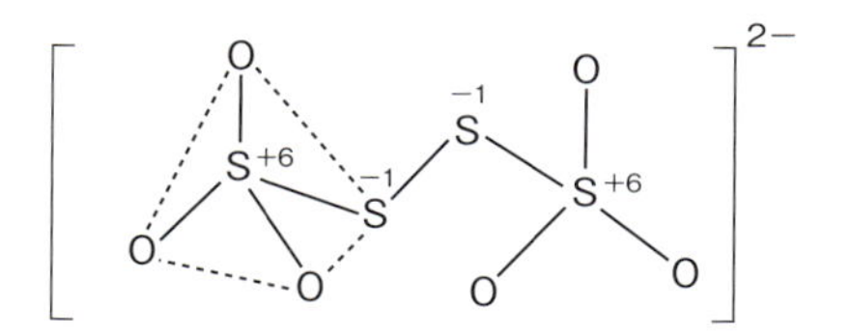

図 7･8　四チオン酸イオン中の硫黄原子の酸化数

S の酸化数の平均値は

$$\frac{\{(6 \times 2) - (1 \times 2)\}}{4} = \frac{10}{4} = +\frac{5}{2}$$

と、分数になるが、割り振りは**図 7･8** のようである。

Fe_3O_4 では、$FeO \cdot Fe_2O_3$ と考えられ、Fe の酸化数は +Ⅱ と +Ⅲ に割り振られる。

7-8　金属のイオン化傾向と標準電極電位

金属の単体には、水溶液中でイオンになりやすいものと、なりにくいものとがある。高校で**イオン化傾向**として学ぶ。イオンになりやすい元素から順に並べると次のようになる。

$$\mathrm{Li > K > Ca > Na > Mg > Al > Zn > Fe > Ni > Sn > Pb > (H_2) > Cu > Hg > Ag > Pt > Au}$$

イオン化傾向の大きい金属は、電子を失いやすく、したがって還元力が強い(酸化されやすい)。

解 説

金属の利用の歴史

金属の利用の歴史は金・銀・銅などが古く、アルミニウムなどは 19 世紀になってからである。これは一つには、金、銀などは単体を取り出しやすい (還元されやすい) ためで、地殻中の元素存在度とは関係ない。

酸化還元平衡は、一般に電池の起電力を用いて扱うと便利である。高校で扱うダニエル電池の起電力が約 1.1 V とはどういう意味であろうか。大学では、**標準電極電位**という値を学ぶが、これは特定の 2 つの電極を組み合わせて作った電池の起電力で示される。

2 つの電極の一方は標準水素電極といわれ $2H^+ + 2e^- = H_2$ という反応を基準としたもので、H_2 の圧力が 1.01×10^5 Pa (1 atm)、H^+ が 1 mol·L^{-1} (厳密には活量 1) としたときの電極の電位があらゆる温度で正確に 0 V と決める。もう一方の電極は、例えば、Zn (金属) + Zn^{2+} (1 mol·L^{-1}) で、$Zn^{2+} + 2e^- = Zn$ という反応を考えている。これらの 2 つの電極を組み合わせて電池を作り、25 ℃ で起電力を測ると、0.76 V が得られる。2 つの電極を導線でつなぐと、電流は水素電極から亜鉛電極へ流れ (電子の流れは逆向き)、したがって、水素電極が正極で、亜鉛電極は負極となる。水素電極の電位は 0 V としてあるから、亜鉛電極の電位は −0.76 V となる。これが亜鉛電極の標準電極電位である。

同様に、水素標準電極を用い、一方の電極を Cu (金属) + Cu^{2+} (1 mol·L^{-1}) として電池を作ると、起電力は 0.34 V で、この場合は銅電極が正極となる。いま、Zn/Zn^{2+} 電極と Cu/Cu^{2+} 電極を組み合わせて電池を作り (ダニエル電池、**図 7·9**)、この起電力を測れば、0.34 − (−0.76) = +1.10 V となる (金属イオン濃度が 1 mol·L^{-1} の場合である)。

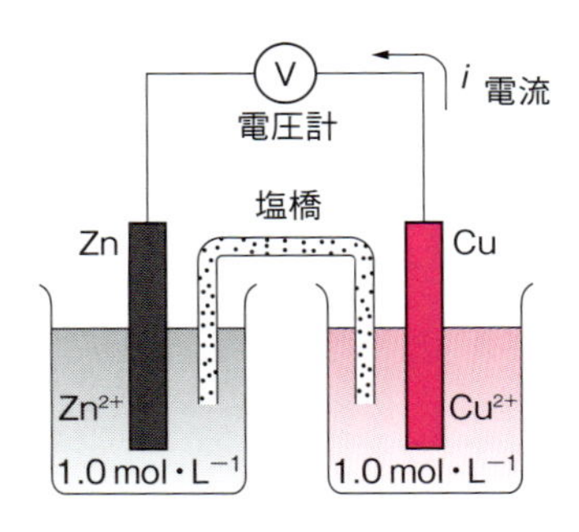

図 7·9 ダニエル電池

ネルンストの式

一般に電池の電位 E は、反応する化学種の濃度（正確には活量）によって変化する。この関係を表すものがネルンストの式で、ネルンストによって1889年に示された。

$$l\mathrm{L} + m\mathrm{M} = p\mathrm{P} + q\mathrm{Q}$$

という化学反応において、

$$E = E^{\circ} - \frac{0.059}{n}\log\frac{[\mathrm{P}]^{p}[\mathrm{Q}]^{q}}{[\mathrm{L}]^{l}[\mathrm{M}]^{m}} \quad (25\ ℃) \qquad (7.8)$$

のような関係がある。E° は標準電極電位、n は授受される電子数である（ネルンストの式は熱力学的に導かれるが、ここではその誘導は省く。対数項中の数値は、本来活量であるが、希薄溶液中ではモル濃度で近似する。活量 a とモル濃度 C の関係は $a = fC$（f は活量係数）で示され、活量係数は希薄溶液では1に近い。また、純固体の活量は1と決める）。

この式を使って、もう一度ダニエル電池を考えてみる。それぞれの電極での反応を還元反応の形で書くと、

$$\mathrm{Cu^{2+}} + 2\mathrm{e^{-}} = \mathrm{Cu} \qquad E^{\circ} = +0.337\ (\mathrm{V}) \qquad (7.9)$$

$$\mathrm{Zn^{2+}} + 2\mathrm{e^{-}} = \mathrm{Zn} \qquad E^{\circ} = -0.763\ (\mathrm{V}) \qquad (7.10)$$

ネルンストの式は、

$$銅では：E = E^{\circ}_{\mathrm{Cu}} - \frac{0.059}{2}\log\frac{[\mathrm{Cu}]}{[\mathrm{Cu^{2+}}]} \qquad (7.11)$$

$$亜鉛では：E = E^{\circ}_{\mathrm{Zn}} - \frac{0.059}{2}\log\frac{[\mathrm{Zn}]}{[\mathrm{Zn^{2+}}]} \qquad (7.12)$$

標準の状態、つまりイオン濃度がともに $1\ \mathrm{mol \cdot L^{-1}}$ とすると、純固体の活量は1であるので、対数項はともに0となる。すると電池の起電力は両電極の電位の差 $E^{\circ}_{\mathrm{Cu}} - E^{\circ}_{\mathrm{Zn}} = 0.337 - (-0.763) = 1.10\ \mathrm{V}$ となる（$\mathrm{Cu^{2+}}$ や $\mathrm{Zn^{2+}}$ の濃度が変われば、起電力の値は変わることに注意）。

還元力の強い金属は、自身は酸化されやすい（電子を失いやすい）から、標準電極電位の低い（負の値が大きい）金属ほど還元力が強い、つまりイオ

表 7·1 標準電極電位

電極反応	標準電極電位 (V)
$K^+ + e^- = K$	−2.925
$Ca^{2+} + 2e^- = Ca$	−2.84
$Na^+ + e^- = Na$	−2.714
$Mg^{2+} + 2e^- = Mg$	−2.37
$Al^{3+} + 3e^- = Al$	−1.662
$Zn^{2+} + 2e^- = Zn$	−0.763
$Fe^{2+} + 2e^- = Fe$	−0.440
$Ni^{2+} + 2e^- = Ni$	−0.228
$Sn^{2+} + 2e^- = Sn$	−0.138
$Pb^{2+} + 2e^- = Pb$	−0.129
$2H^+ + 2e^- = H_2$	0.000
$Cu^{2+} + 2e^- = Cu$	0.337
$Hg_2{}^{2+} + 2e^- = 2Hg$	0.7960
$Pt^{2+} + 2e^- = Pt$	1.188
$Au^{3+} + 3e^- = Au$	1.52

ン化傾向が大きい。**表 7·1** に、いくつかの金属の標準電極電位を示す。

ところで、電池が完全に放電した状態、つまり $E = 0$ の状態は平衡状態なので、ネルンストの式は平衡定数 K に関連する。

$$E^\circ = \frac{0.059}{n}\log K \quad (25\ ℃) \tag{7.13}$$

このことは、どのような酸化剤（または還元剤）を用いれば反応が実質的に完全かを判断する上で役立つ。分析化学で、酸化還元滴定という分析法があるが、例えば鉄(Ⅱ)イオンを滴定で定量するにはセリウム(Ⅳ)イオンを用いることがある。

$$Fe^{2+} + Ce^{4+} \rightarrow Fe^{3+} + Ce^{3+}$$

この反応の平衡定数はそれぞれの電極反応の標準電極電位から求められる。

$$Ce^{4+} + e^- = Ce^{3+} \qquad E^\circ{}_{Ce} = +1.61\ V \tag{7.14}$$

$$Fe^{3+} + e^- = Fe^{2+} \qquad E^\circ{}_{Fe} = +0.771\ V \tag{7.15}$$

式 (7.14) から式 (7.15) を引くと、

$$Ce^{4+} + Fe^{2+} = Ce^{3+} + Fe^{3+} \qquad E^\circ_{Ce} - E^\circ_{Fe} = 0.84\ V \qquad (7.16)$$

この $E^\circ_{Ce} - E^\circ_{Fe}$ の値が式 (7.13) の E° に相当する。

$$0.84 = \frac{0.059}{1}\log K$$

$$\log K = 14.2$$

$$K = 10^{14.2} \qquad (7.17)$$

K が非常に大きいということは、式 (7.16) の反応が大きく右方向に進行し、Ce^{4+} と Fe^{2+} とが等モル反応したとき (Ce^{4+} を過剰に加えなくても)、反応が実質的に完結するということである。滴定分析は試料と標準溶液とが過不足なく混ざったときに反応が完結していなければならないから、セリウム(IV)イオンを含む標準溶液で鉄(II)イオンを含む試料溶液を滴定することができる。

解 説

アノードとカソード

英語では、電極を**アノード** (anode)、**カソード** (cathode) と称するが、これと電池の**正極**、**負極**および電気分解の**陽極**、**陰極**との関係を述べておこう。

英語の名称は、電極で起こる反応の性質、あるいは電極に対する電子の流れの方向によって決められる。**表 7･2** にこれを示す。これに対して、日本語の正極、陽極などは、電極の極性に基づいている。電池では、正極で還元反応が起きているからカソードであり、負極では酸化反応が起こるのでアノードである。しかし、電気分解では、陽極で酸化反応が起こるので、陽極がアノード、陰極がカソードとなる。この辺は専門家でもときどき混乱するところなので注意が必要である。

表 7･2　電極の名称

	カソード	アノード
電極で起こる反応	還元が起こる	酸化が起こる
電子の流れ	流れ込む	流れ出る

7-9 電気分解

電解質の溶液が電気エネルギーをもらって化学変化を起こす現象を電気分解という。電気分解では**ファラデーの法則**が重要である。

(1) 電気分解によって析出する物質の量は、溶液に通した電気量に比例する（同一イオンに着目した場合。例えば電子 n mol が流れた場合、Ag^+ ならば n mol の Ag を生じる）。

(2) 同じ電気量で析出するイオンの物質量は「イオン 1 mol ／イオンの価数」に比例する（異なるイオンに着目した場合。例えば電子 1 mol が流れた場合、Ag^+ ならば 1 mol の Ag が、Cu^{2+} ならば $\frac{1}{2}$ mol の Cu が生成する）。

ファラデー定数

ファラデー定数は、SI 単位（国際単位系）に従って次のように定義される。

電気量 Q [C] は電子の物質量 n [mol] に比例する。

$$Q = kn$$

比例定数 k をファラデー定数（記号 F）という。これは電子 1 mol あたりの電気量に相当する。

$$\text{ファラデー定数} = 9.65 \times 10^4\ \mathrm{C \cdot mol^{-1}}$$

水溶液の電気分解と融解塩電解

電解質の水溶液を白金や炭素などの不活性の電極を用いて電気分解すると、イオン化傾向の大小が生成物の種類に関係する。陽イオンが、銀イオンや銅イオンのようにイオン化傾向が水素より小さいイオンの場合には、陰極にその金属の単体（銀や銅）が析出する。ナトリウムイオンやカルシウムイオンのように水素よりイオン化傾向が大きい金属イオンでは、陰極で水素が発生する。一方、陰イオンが塩化物イオンやヨウ化物イオンの場合は、陽極で塩素やヨウ素が出来るが、電子を失いにくい硫酸イオンや硝酸イオンでは、水の分解により陽極で酸素が発生する。

コラム

電解精錬法の発明

アルミニウムの電解精錬法は、1886年、アメリカのホール（C. M. Hall）とフランスのエルー（P. L. T. Heroult）によって、独立に、かつほとんど同時に発明された。それ以前には、塩化アルミニウムをカリウムやナトリウムで還元するという方法が採られ、アルミニウムは極めて高価であった。ナポレオン三世は、大のアルミニウム好きで、晩餐会の食器も大切な客にはアルミニウム製のものを出し、一般の客には金や銀の食器を出したという。

アルミニウムの製造には多量の電力を必要とするが、製品のスクラップから再生され、循環して利用される。再生に要するエネルギーは新しく地金を造る場合の数％に過ぎない。

$$4OH^- \rightarrow 2H_2O + O_2 + 4e^-$$

または

$$2H_2O \rightarrow 4H^+ + O_2 + 4e^-$$

［水溶液の電解生成物］白金電極や炭素電極の場合、

陽極：Cl^-, Br^- → Cl_2, Br_2 発生

NO_3^-, SO_4^{2-} → O_2 発生, H^+ 増加

陰極：K^+, Al^{3+} など → H_2 発生, OH^- 増加

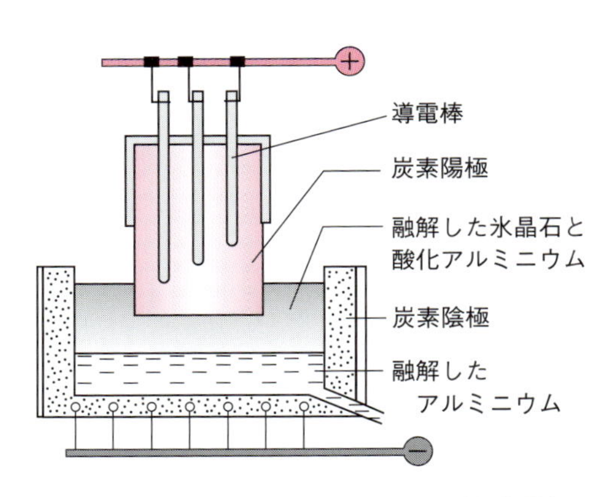

図 7·10　酸化アルミニウム Al_2O_3 の融解塩電解

ナトリウムやカルシウムの単体を電気分解で得るためには、水溶液が使えないので、塩を加熱して融解し、これを電解する融解塩電解が用いられる。高校でも教わるアルミニウムの製法はこの例である（**図 7·10**）。

練習問題

【酸・塩基】

1. 次の酸の電離において、共役の関係にある酸・塩基を示せ。

例：$HNO_3 + H_2O \rightleftarrows H_3O^+ + NO_3^-$

酸（HNO_3）－塩基（NO_3^-）、塩基（H_2O）－酸（H_3O^+）

(1) $CH_3COOH + H_2O \rightleftarrows CH_3COO^- + H_3O^+$

(2) $2H_2O + CO_2 \rightleftarrows HCO_3^- + H_3O^+$

$HCO_3^- + H_2O \rightleftarrows CO_3^{2-} + H_3O^+$

(3) $HOAc + NH_3 \rightleftarrows OAc^- + NH_4^+$

2. 0.1 $mol \cdot L^{-1}$ 塩化アンモニウム水溶液の pH を求めよ。アンモニア水の電離定数 $K_b = 1.74 \times 10^{-5}$ ($mol \cdot L^{-1}$, 25 ℃) とする。

3. 酢酸の 0.1 $mol \cdot L^{-1}$ 溶液 100 mL に酢酸ナトリウム 0.003 mol を溶かした緩衝溶液がある。酢酸の電離定数を $K_a = 2.75 \times 10^{-5}$ として下記の問に答えよ。

(1) この溶液の pH を求めよ。

(2) この溶液に 1 $mol \cdot L^{-1}$ 塩酸 0.1 mL を加えたときの pH はいくらになるか。

4. 濃度 c ($mol \cdot L^{-1}$) の弱酸 HA の塩の加水分解、$A^- + H_2O = HA + OH^-$ で HA の電離定数を K_a ($mol \cdot L^{-1}$)、水のイオン積を K_W とする。このとき、水溶液の水素イオン濃度は $[H^+] = \sqrt{K_a K_W / c}$ で表されることを示せ。なお、加水分解する割合は小さく、平衡時の A^- の濃度は c と見なせるとする。

5. 0.100 ($mol \cdot L^{-1}$) の塩酸 10.0 mL に 0.100 ($mol \cdot L^{-1}$) の水酸化ナトリウム水溶液を滴下し、pH が 1.7 になった。このときまでに滴下された水酸化ナトリウム水溶液は何 mL か。

【酸化・還元】

6. さらし粉の主成分は $CaCl(ClO)\cdot H_2O$ で表される。

(1) 上式でさらし粉の成分である塩素の酸化数はいくつか。

(2) さらし粉と塩酸との反応は次の反応式で表される。

$$CaCl(ClO) + 2HCl \rightarrow CaCl_2 + Cl_2 + H_2O$$

発生した Cl_2 をヨウ化カリウム水溶液に通じると次の反応が起こる。

$$Cl_2 + 2KI \rightarrow I_2 + 2KCl$$

これにチオ硫酸ナトリウム水溶液を加えると次のように反応する。

$$2Na_2S_2O_3 + I_2 \rightarrow Na_2S_4O_6 + 2NaI$$

一連の反応で塩素の酸化数はどのように変化するか。また、硫黄の酸化数はどうか。

7. 次に示す化学反応において、酸化剤となっている物質はどれか。その上で、還元された元素を指摘し、酸化数の変化を示せ。

(1) $SO_2 + 2H_2S \rightarrow 3S + 2H_2O$

(2) $2KMnO_4 + 5H_2O_2 + 3H_2SO_4 \rightarrow K_2SO_4 + 2MnSO_4 + 5O_2 + 8H_2O$

8. スズ(Ⅱ)イオンは鉄(Ⅲ)イオンの還元剤として適切かどうかを標準電極電位から判定せよ。

$$Sn^{4+} + 2e^- \rightarrow Sn^{2+} \qquad E^\circ = +0.154\ \text{V}\ (25\ ℃)$$

$$Fe^{3+} + e^- \rightarrow Fe^{2+} \qquad E^\circ = +0.771\ \text{V}\ (25\ ℃)$$

9. $Zn|Zn^{2+}||Ag^+|Ag$ の 25 ℃ における起電力を求めよ。なお、Zn^{2+}, Ag^+ の濃度はいずれも 1 $(mol\cdot L^{-1})$、半反応 $Zn \rightarrow Zn^{2+} + 2e^-$, $Ag \rightarrow Ag^+ + e^-$ における標準酸化電位は、それぞれ 0.763 V, −0.799 V とする。

8 物質の三態／溶液

物質の三態や溶液の性質について、断片的・暗記物であった高校「化学」の知識を、もっと掘り下げて理解するよう試みる。

大学では高校の「化学」で扱う項目をあらためて取り上げる。例えば金属結晶では、最密格子の組み立て方を解説する。液体では蒸気圧について熱力学の公式を借りて理解する。気体では、気体の法則を分子運動論で考える、などである。溶液でも、沸点上昇、凝固点降下、また浸透圧などにつき、「化学」よりは現象の理解を深められるようにする。ただし、これらは熱力学によって、より理解を深めるべき事項である。

【物質の三態】

固体・液体・気体では、同じ物質であっても、構成する粒子（分子、原子、イオン）の集合状態がたいへん異なる。構成粒子は固体では互いに接してほぼ固定している。液体では互いに接してはいるが、位置を変えることが出来る。気体では離ればなれになって飛びまわっている。

8-1 固 体

一般に物質は、分子や原子・イオンなどの基本粒子で出来ている。また、**物質の三態**といって、例えば氷、水、水蒸気のように、同じ H_2O でも固体、

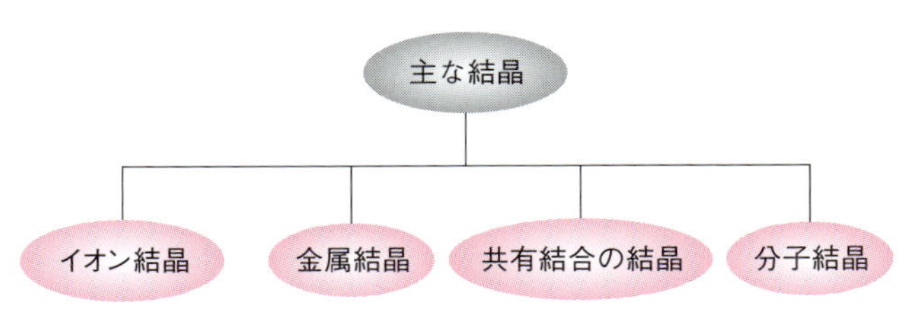

図 8·1　主な結晶の種類

液体、気体という3つの状態をとることが出来る。これらの状態は、温度や圧力の違いによって現れる。

固体のうち、**結晶**は基本粒子の規則正しい配列によって構成されている。結晶にはいくつかの種類がある（結晶の構造は主にX線の回折現象を利用して決められる。X線の波長は原子間隔の大きさ（10^{-10} m = 1 Å（オングストローム）程度）と同程度であり、回折現象を有効に利用できる）（**図 8·1**）。

イオン結晶

図 8·2 A (a), (b) は、塩化ナトリウムの結晶における Na^+ と Cl^- の配列の様子を示したものである。Na^+ のまわりには6個の Cl^- が、また Cl^- のまわりには6個の Na^+ が取り囲んでいて、互いに電気的に引き合っている。このため塩化ナトリウムは硬い、融点の高い結晶を作る。このように、イオン同士の静電的引力で出来る結晶がイオン結晶である。イオン結晶では分子は存在しない。NaCl は組成式であり、そのような分子があるわけではない。

金属結晶

金属の固体は単原子が集まって出来ているので、結晶の構造は同じ大きさの球の積み重ねとして理解出来る。ほとんどの金属単体は、**立方最密格子**、**六方最密格子**、**体心立方格子**のいずれかの構造を持っている。前二者は、同じ大きさの球を出来るだけ隙間を少なく詰めようとする形式の構造である（**図 8·3**）。

立方最密格子　平面上で、同じ大きさの球を最も密に並べると、1つの球

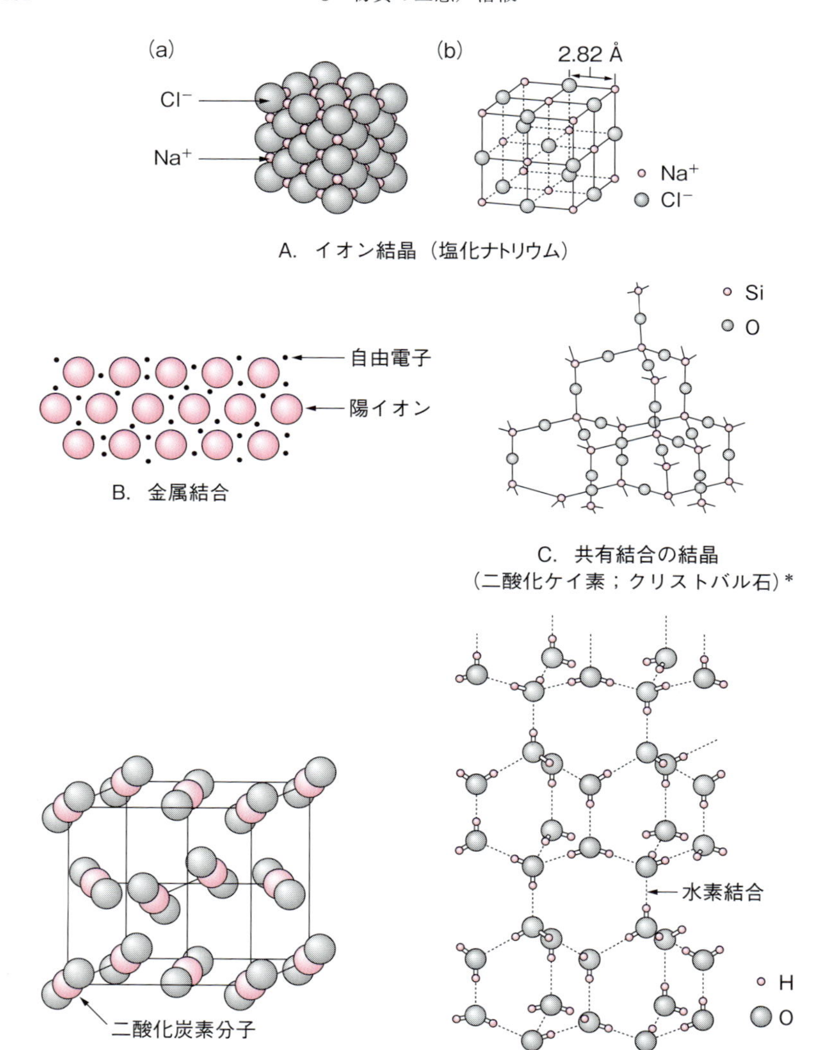

図 8·2　種々の結晶

* SiO_4 四面体の結合の少しずつの違いによって、石英、リンケイ石、クリストバル石などの変態がある。

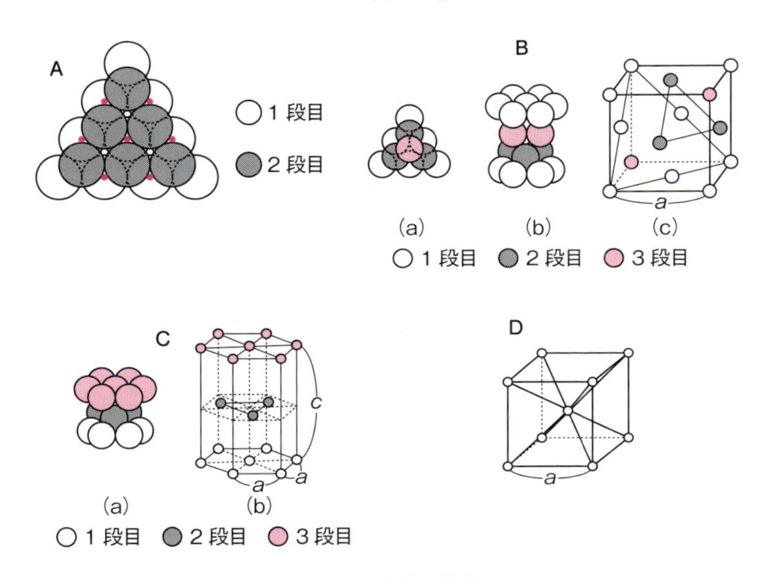

図 8・3 金属の結晶
A：球の積み重ね　B：立方最密格子
C：六方最密格子　D：体心立方格子

のまわりに 6 個の球が接する（1 段目）。2 段目を積み重ねるときには、1 段目のくぼみの上に乗せる。3 段目では、乗せ方が 2 通りある。その 1 つは、**図 8・3A** で小さい ○ のくぼみの上に置く乗せ方である（3 段目）。すると、1, 2, 3 の各段の球は上から見たとき重ならない。そして 4 段目は、○ の上に置いた球の作るくぼみ、● の位置に球を置くことになる。これは 1 段目の真上になる。このような 123123… の重ね方が立方最密格子である。これは**図 8・3B (c)** に示す**面心立方格子**でもある。銅、銀、鉄（Fe γ）などがこの型の結晶である（鉄は結晶構造によって α, β, γ, δ など 4 種の同素体がある）。

六方最密格子　**図 8・3A** で 3 段目を ● のくぼみに乗せると、3 段目は 1 段目の真上にくる。すなわち 1212… の重ね方になる（**図 8・3C**）。これが六方最密格子であり、立方最密格子とともに、1 つの球が 12 個の球と接している。配位数 12 であるという。

六方最密格子の金属には、マグネシウム、亜鉛、チタンなどがある。

体心立方格子　**図 8･3 D** の型の結晶格子である。これは最密格子ではなく、最も近い距離にある球は 8 個である（図の格子の頂点にある球）。この格子の例にはアルカリ金属、バリウム、鉄（Fe α, β, δ）などがある。

金属は単原子の集合と書いたが、より正確には、電子を失った金属の陽イオンが格子を作り、その間を価電子が埋めている（**図 8･2 B**）。価電子は特定の原子間に共有されるのではなく、多くの原子間で共有結合を作ったり離れたりする自由電子である。金属の電気伝導性は自由電子の移動に基づく。また結合に方向性がないので、展性・延性などの特性も理解出来る。

共有結合の結晶

ダイヤモンドや二酸化ケイ素（石英など）は、原子が共有結合で限りなく配列している結晶であり、結晶全体が目に見える巨大分子といえる。共有結合は一般に強い結合であるので、この種の結晶は硬く、融点が高い（**図 8･2 C**）。

二酸化ケイ素のガラスといわれるものは、石英などと同じ SiO_2 の組成式を持つが、結合の仕方が不規則で結晶とはいえず、**無定形固体**（非晶質、アモルファス）といわれる。ガラスのような無定形固体は一定の融点を持たず、温度を上げると徐々に融解する（結晶に対してガラス状態がある。これは、見かけは固体であるが、構造上は液体の状態である）。

分子結晶

分子が一単位となった結晶で、一つの分子と隣の分子との間に弱い力が働いて結晶を作っている。この弱い分子間力を**ファンデルワールス力**という。ヨウ素 I_2 や二酸化炭素の結晶（ドライアイス）などはこの例である（**図 8･2 D**）。ナフタレンやショウノウなど有機化合物の結晶に分子結晶が多い。分子結晶は軟らかく、融点が低くて、昇華するものも多い。

水素結合を含む結晶

イオン結合や共有結合よりははるかに弱いが、通常のファンデルワールス力より強い結合に**水素結合**がある。水素原子を挟んで、酸素、窒素、フッ素などの電気陰性度の大きい原子が結び付いている場合である。この水素結合を含む結晶の代表が氷である（**図8・2E**）。氷では、1つの酸素原子が4つの酸素原子に囲まれていて、その中間に水素原子が挟まっている。酸素原子に着目するとダイヤモンドに似た構造である。水素原子は、1つの酸素原子と共有結合で、他の1つの酸素原子と水素結合で結合している。1つの原子が4つの原子で囲まれている状態は、最密格子に比べて非常に隙間の多い構造であり、氷が溶けて水になるとき、水素結合が一部切れて結晶格子の隙間に水分子が入り込み、かえって密度が増える（水の状態でも水素結合が全てなくなるわけではない）。

8-2 液　体

気体は、適当な低温と高圧の条件下で凝縮して液体になる。液体の一般的性質を箇条書きすると、次のようになる。

(1) 液体は容器によって自由に形が変わる。しかし、体積はほぼ一定に保たれる。

(2) 液体の圧縮率はたいへん小さい。気体に比べて密度が大きい。

(3) 互いに溶解する液体同士は拡散して一様に混ざり合う。拡散速度は気体より小さい。

液体状態では、原子や分子の運動は、近くの原子や分子の引力によって、気体の場合に比べてはるかに制限を受けている。一方、結晶のような規則正しい配列ではなく比較的無秩序である。原子や分子の運動のエネルギーと引力が適当に釣り合って、形を自由に変えることが出来る。結晶のような規則正しい配列は、物質のエネルギーを出来るだけ低くしようとする傾向によるが、固体が液体になる現象は、物質が無秩序性の大きい状態になろうとする傾向が自然界に存在することをも示している。これはビーカーに入れた水が次第に蒸発して少なくなることでも分かるであろう。熱力学の表現では「エントロピーの増加する方向に進む」という。すなわち、物質の状態はエネルギー最小の原理とエントロピー増大の原理の釣り合いによって支配される。

ビーカーに入れた液体を加熱して蒸気の圧力（蒸気圧）が外圧（通常は大気圧）に等しくなる温度に達すると、蒸発は急に活発になる。これが**沸騰**であり、1気圧下で液体が沸騰するときの温度が**沸点**である。純粋な液体は一定圧力下で一定の沸点を持つ。

液体の蒸気圧

蒸気圧は温度の上昇とともに急激に増加する。一般に温度に対する蒸気圧の変化は**クラウジウス-クラペイロンの式**によって示される。

$$\frac{\mathrm{d}P}{\mathrm{d}T} = \frac{L_\mathrm{v}}{T\Delta V}$$

P は**飽和蒸気圧**（温度一定で、液体と気体が平衡を保つときの蒸気圧）、T は絶対温度、L_v はモル蒸発熱、ΔV は液体から気体になるときの体積変化である。事実上、気体の体積に対して液体の体積は非常に小さく、これを無視すれば理想気体の関係式 $PV = RT$ を用いて（p. 109 を参照）、

$$\frac{1}{P}\cdot\frac{\mathrm{d}P}{\mathrm{d}T} = \frac{L_\mathrm{v}}{RT^2} \quad \text{または}$$

$$\frac{\mathrm{d}\ln P}{\mathrm{d}T} = \frac{L_\mathrm{v}}{RT^2}$$

が成り立つ。また L_v を定数と仮定すると（実際は温度とともに若干変化する）

$$\ln P = -\frac{L_\mathrm{v}}{R}\cdot\frac{1}{T} + C \quad (C\text{ は積分定数})$$

で、

$$\ln P = -\frac{a}{T} + C$$

の形となる（a は定数）。蒸気圧と温度の関係である。

状態図

自然界で最も普遍的に存在する水は、地球上のごくありふれた条件下で固体、液体、気体、すなわち氷、水、水蒸気の状態をとりうる。このような水の特徴は、地球環境を形成する上で重要な役割を占めている。一方、二酸化炭素については、われわれは気体状態の他、ドライアイスのような固体としても慣れ親しんでいるが、液状の二酸化炭素を目にすることはあまりない。

これらの物質は、温度と圧力の限られた条件下で安定に存在する。その様子を示すのが**状態図**である。水の状態図を**図 8･4 (a)** に示す。ここで**相**というのは、物質の状態で他の状態と明確な境界によって区別されるような均一の部分をいう。これは必ずしも単一物質の場合ばかりでなく、例えば空気は種々の気体の混合物であるが、全体として均一であるから単一の相である。

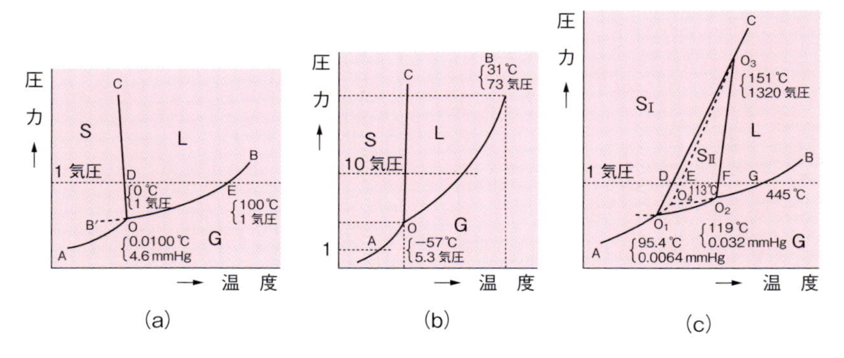

(b) 二酸化炭素
10気圧下で温度を上げていくと，固体から液体となるが，1気圧下では固体から気体となる．Bは臨界点といって，液体と気体を区別できない．
(c) 硫黄
固相が２種あるため，状態図も複雑になる．３つの相が共存する三重点が３つ（O_1～O_3），準安定状態を含めれば４つ存在する．（1気圧 ＝ 1 atm ＝ 760 mmHg）

図 8･4　状態図（(a) 水　(b) 二酸化炭素　(c) 硫黄）
S：固相，L：液相，G：気相　破線は準安定状態を示す．
硫黄 S_I：斜方硫黄　硫黄 S_{II}：単斜硫黄

逆に同じ物質でも、水と氷は液体と固体の明確な境界を持つから２つの相である。

さて、水の状態図において、OB は蒸気圧曲線に相当する。蒸気圧より大きい圧では気体は存在せず、液相となる。OA は気相と固相の境界であり、この境界上で固相と気相が平衡となっている。OC は固相と液相の境界線である。これが右肩下がりになっているのは、氷より水の方が体積が小さい（密度が大きい）ことと関係がある。温度一定で、氷に圧力をかけると水になる。１気圧下では氷と水の固・液平衡が成立する。点 O は気・液・固３相が共存出来る条件を示す点で**三重点**といわれる。また、破線の OB′ は過冷された水の蒸気圧曲線に相当し、準安定状態である。

二酸化炭素では、１気圧下で固・気平衡（ドライアイスと二酸化炭素ガス）が成立する。圧が高くないと液状の二酸化炭素は見られない（**図 8･4 (b)**）。硫黄では斜方硫黄と単斜硫黄の別々の固相が形成される。２つの固相では結晶構造が異なるので別々の相になる（**図 8･4 (c)**）。

8-3　気　体

理想気体の状態方程式

気体についての定量的解釈は、高校の課程「化学」においてかなり行われている。要約すると次のようになる。

(1)　一定温度のもとで、一定質量の気体の体積 V は圧力 P に反比例する（ボイルの法則）。

$$P_1V_1 = P_2V_2 \text{ （＝一定）}$$

一定温度で気体を圧縮すると、圧力２倍で体積は $\frac{1}{2}$ となり、圧力３倍では体積は $\frac{1}{3}$ になる。

(2)　一定圧力のもとで、一定質量の気体の体積 V は、絶対温度 T に比例する（シャルルの法則）。

$$\frac{V_1}{T_1} = \frac{V_2}{T_2} \ (= 一定)$$

一定圧力で、一定質量の気体を加熱すると、温度が1℃上がるごとに、体積は0℃のときの体積の $\frac{1}{273}$ ずつ増加する。

0℃のときの体積をV_0、t℃のときの体積をVとすると、

$$V = V_0\left(1 + \frac{t}{273}\right) = V_0 \times \frac{273 + t}{273}$$

$273 + t = T$であるから、

$$V = V_0 \times \frac{T}{273}, \quad \frac{V}{T} = \frac{V_0}{273} = 一定$$

(3) 一定質量の気体の体積は、絶対温度に比例し、圧力に反比例する（ボイル・シャルルの法則）。

(4) n molの気体について、気体の状態方程式が成立する。

$$PV = nRT$$

Rは**気体定数**といわれ、

$R = 8.31\ (\mathrm{Pa \cdot m^3 \cdot mol^{-1} \cdot K^{-1}})$, $1\ \mathrm{Pa} = 1\ \mathrm{N \cdot m^{-2}}$, $1\ \mathrm{N \cdot m} = 1\ \mathrm{J}$ であり、

$$R = 8.31\ (\mathrm{J \cdot K^{-1} \cdot mol^{-1}})$$

または

$$R = 0.082\ (\mathrm{atm \cdot L \cdot K^{-1} \cdot mol^{-1}})$$

理想気体1 molの体積は、0℃、1 atm（標準状態）で22.4 Lを占める。

(5) 実在の気体では、標準状態における1 molの体積は、厳密には22.4 Lにならない。状態方程式は厳密には当てはまらない。

上記の気体の法則は、気体分子の集団としての性質であり、基本的に、気体の種類によらないので、**束一的な性質**（物質の種類に関係しないで、そのモル数にだけ関係する性質）といわれる。溶液における沸点上昇や、凝固点降下なども束一的な性質である。気体の法則は、いわば巨視的な見方であるが、大学では、気体の分子運動という立場から、微視的にも解釈を行う（後述）。

一定量の気体の状態を記述するには、圧力P、体積V、温度T、の3変

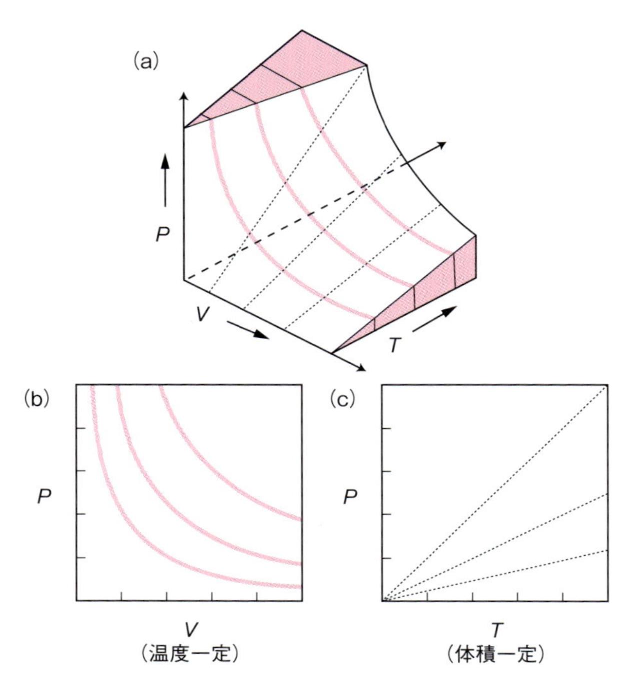

図 8·5　ボイル・シャルルの法則を示す 3 次元曲面 (a)，ボイルの法則 (b)，および圧力と温度(体積一定)の関係 (c)
温度一定での曲線群 (b)，体積一定での直線群 (c) は，それぞれ曲面上 (a) の色線と点線に対応する．

数のうち、2 変数が決まれば、残る一つは自動的に決まる。ボイル・シャルルの法則を図に示すには、3 変数を座標軸にとった 3 次元曲面が必要になる（**図 8·5 (a)**）。

曲面を温度一定の平面で切ると、PV 平面と平行な平面が出来、この平面上にボイルの法則で示される曲線が得られる。種々の温度一定の平面上のこれらの曲線を、適当な PV 平面上に投影すれば、**図 8·5 (b)** のような曲線群になる。同様に、曲面を種々の体積一定の平面で切って得られる直線を、PT 平面上に投影すれば、**図 8·5 (c)** のような直線群が得られる。また、種々の圧力一定の平面で切って、VT 平面に投影すれば、シャルルの法則を示す直線群が得られることが理解出来るだろう。

気体の分子運動論

気体の分子運動論の立場からは、理想気体は次のような仮定を満足させる気体である。

(1) 気体分子は、互いに非常に離れて存在し、絶えず運動しており、分子の大きさ、したがって分子の占める体積は、分子間距離や容器の大きさに比べて無視出来る。

(2) 分子同士が衝突するとき以外は、分子間には引力も斥力も働かない。

(3) 分子同士の衝突および分子と器壁との衝突は、完全に弾性的であり、運動エネルギー、運動量は保存される。

質量 m の分子 1 個が立方体 (1 辺の長さ l) の中で運動しているとしよう (**図 8･6**)。立方体の 3 つの稜の方向に 3 軸 (x, y, z) をとる。分子の速度 u の成分を u_x, u_y, u_z とすると、

$$u^2 = u_x{}^2 + u_y{}^2 + u_z{}^2$$

と表される。分子の器壁への衝突は完全に弾性的としたので、分子が x 軸に垂直な一方の壁に衝突する回数は単位時間に $\dfrac{u_x}{2l}$ である。

衝突のたびに速度は u_x から $-u_x$ に変わり、単位時間あたりの運動量の x

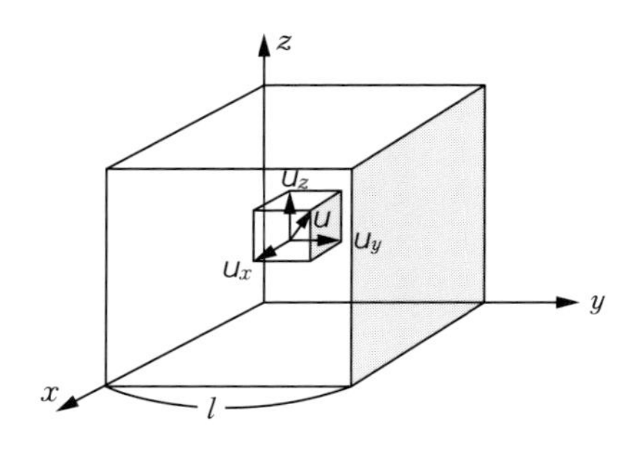

図 8･6　分子の速度と座標のとり方

成分の変化は $2\,mu_x\left(\dfrac{u_x}{2l}\right)=\dfrac{mu_x{}^2}{l}$ となる。単位時間あたりの運動量の変化は力であり、また圧力は単位面積あたり垂直に受ける力であるから、x 軸に垂直な壁に及ぼす圧力は

$$\frac{mu_x{}^2/l}{l^2} = \frac{mu_x{}^2}{l^3} = \frac{mu_x{}^2}{V}$$

となる ($V = l^3$)。

N 個の分子の場合は、分子によって速度が異なるから、**平均二乗速度** $\overline{u_x{}^2}$ (気体分子の速度の二乗の平均を平均二乗速度という。ここでは u_x の二乗の平均) を考える。N 個の分子による圧力 P は、

$$P = N\frac{m\overline{u_x{}^2}}{V}$$

分子の運動は無秩序であり、速度の x, y, z 方向の成分の大きさは同じと考えてよいから、

$$\overline{u_x{}^2} = \overline{u_y{}^2} = \overline{u_z{}^2} = \frac{\overline{u^2}}{3}$$

$$P = \frac{Nm\overline{u^2}}{3\,V},\quad PV = \frac{Nm\overline{u^2}}{3}$$

特定の N 個の分子が同じ平均エネルギーを持つ (温度が一定) ならば、PV の右辺は一定であるから、これはボイルの法則に他ならない。

次に N 個の分子の全運動エネルギー E は $\dfrac{1}{2}(Nm\overline{u^2})$ で示されるから、$PV=\dfrac{2}{3}E$ である。1 mol の気体では N はアボガドロ定数 N_A となり、

$$PV = \frac{1}{3}N_A m\overline{u^2} = \frac{2}{3}E_k$$

前に述べた理想気体の状態方程式 $PV = RT$ と連立させると、

$$E_k = \frac{3}{2}RT$$

E_k は 1 mol あたりの気体の全運動エネルギーである。

表 8・1　種々の気体のモル体積（標準状態）と沸点

気　体	モル体積（L）	沸　点（℃）
ヘリウム	22.426	−268.9
窒　素	22.402	−195.8
一酸化炭素	22.402	−191.5
酸　素	22.393	−182.96
塩化水素	22.248	−84.9
塩　素	22.063	−34.6
アンモニア	22.094	−33.4
二酸化硫黄	21.883	−10.0

実在気体

ところで、実在の気体では、一般に高温・低圧の状態ではボイル・シャルルの法則がよく成り立つが、低温・高圧になると、法則からのズレが目立つようになる。標準状態における種々の気体のモル体積を調べると、沸点が高く、液化しやすい気体で特にボイル・シャルルの法則からのズレが大きくなる（**表 8・1**）。

実際に存在しない理想気体が、標準状態で 1 mol, 22.4 L を占めるとは、どういうことであろうか。

実在の気体は、**表 8・1** のように、理想気体との間にズレを示すが、圧力を限りなく小さくしていくと、全て理想気体に近付くと考える。いま温度一定で、種々の気体について PV の値を P に対してプロットすると**図 8・7 (a)** のようになる。低圧では、**図 8・7 (b)** のように直線的に変化する。この直線の勾配を β とし、圧力 0 のときの PV を $(PV)_0$ とすると、

$$PV = (PV)_0 + \beta P$$

例えば酸素では、標準状態でのモル体積は 22.393 L で、0 ℃、0.5 atm ではその 2.00094 倍となる。したがって、

$$22.393 = (PV)_0 + \beta$$

$$0.5 \times 22.393 \times 2.00094 = (PV)_0 + \beta \times 0.5$$

この連立方程式を解くと、$(PV)_0 = 22.414$ L となる。他の気体について

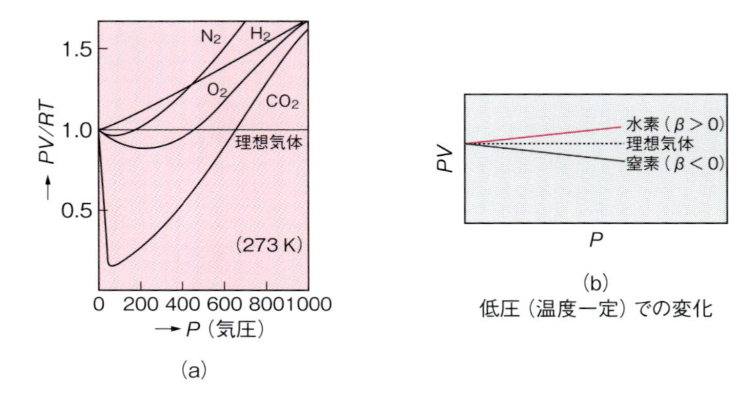

図 8·7　実在気体の理想気体からのズレ

も結果は同じで、これが理想気体の標準状態でのモル体積である。気体定数はこれから、

$$R = \frac{PV}{T} = \frac{(1 \times 22.414)}{273.15} = 0.082057\,(\mathrm{L \cdot atm \cdot K^{-1} \cdot mol^{-1}})$$

と求められる。

なお、気体定数を SI 単位で表すと、$1\,\mathrm{L \cdot atm} = (10^{-3}\,\mathrm{m^3}) \times (101325\,\mathrm{N \cdot m^{-2}}) = 101.325\,\mathrm{J}$ から、

$$R = 8.3144\,(\mathrm{J \cdot K^{-1} \cdot mol^{-1}})$$

となる。単位が異なるので、使い分けには注意が必要である。

実在気体に対するファンデルワールスの状態方程式

実在気体では、高圧や低温で理想気体の状態方程式からのズレが目立つようになる。

$$PV = znRT$$

と書くとき、z は理想気体では 1 であるが、実在気体では、$z < 1$ または $z > 1$ である。種々の気体 1 mol について $\frac{PV}{RT}$ $(= z)$ と P との関係は**図 8·7 (a)** のように理想気体からずれる。実在気体では分子には体積があり、また分子間力も存在するためである。ごく低圧ではこのずれは直線的であると見なせる。

分子は体積を持っているから、理想気体の体積 V の代わりに $(V-b)$ を考える。b は、1 mol の気体あたり、他の分子が入り込めない分子の体積に関する定数で、**排除体積**とよばれる（**図 8·8**）。

次に、分子間引力に関する補正を行う。容器の中で、他の分子に完全に囲まれている分子は、まわりから均等な引力を受けるであろう。一方、器壁の近くにある分子は内側に引かれる（**図 8·9**）。その強さは、器壁の近くにある分子数と、そのすぐ内側にある分子数に比例する。2 種の分子数はいずれも単位体積中の気体のモル数 $\dfrac{n}{V}$ に比例する。その比例定数を a とすると、圧力は $a\left(\dfrac{n}{V}\right)^2$ だけ減少する。圧力の補正分としてはこれを P に加えることになる。

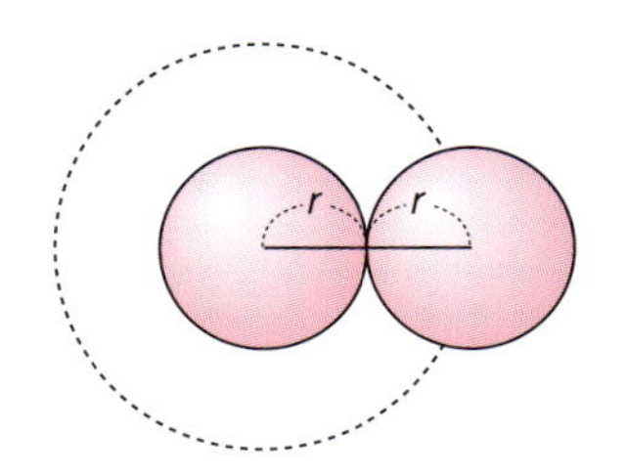

分子を半径 r の剛体球と仮定すると，互いに接触したとき 2 つの分子の中心は $2r$ 以内に接近出来ない．したがって，一対の分子に対する排除体積は $\frac{4}{3}\pi(2r)^3$ となる．1 分子あたりの排除体積は分子の体積の 4 倍になる．

図 8·8　排除体積

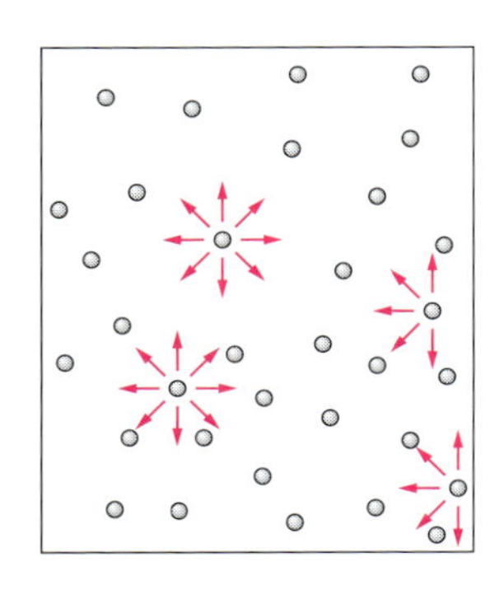

図 8·9　分子間引力の受け方

結局、n mol の気体に対して、ファンデルワールスは次の状態方程式を与えた。

$$\left(P + \frac{n^2 a}{V^2}\right)(V - nb) = nRT$$

気体の混合

2種類以上の気体を混合した場合を考える。互いに反応しない異なった気体を別々の容器に入れておき、次に容器の間の仕切を取り去ると、気体は混合し始めて、ついには均一に混ざり合う。分子レベルで考えると、個々の分子が運動しながら、衝突を繰り返し、容器全体に広がっていく。なお、気体分子の平均速度は、分子量の小さい分子ほど大きい。また、温度が上がると、気体分子の平均速度も大きくなる。

均一に混合した気体を2つの容器に入れておいて、次に間の仕切を取り去っても、別々の容器に異なった気体が分かれて入ることはない。気体全体の持つエネルギーは変化しないのに、混合は起こるが、分離は起こらない。エネルギーが一定ならば、自然に起こる方向は乱雑さ（無秩序性）の進む方向である（エントロピー増大の方向）（**図 8・10**）。

全圧と分圧

空気はいくつかの気体の混合物である。空気全体として1気圧であれば、成分気体の圧力の合計が1気圧ということで、これが全圧である。これに対して、個々の成分気体の圧力を考え、分圧を定義する。

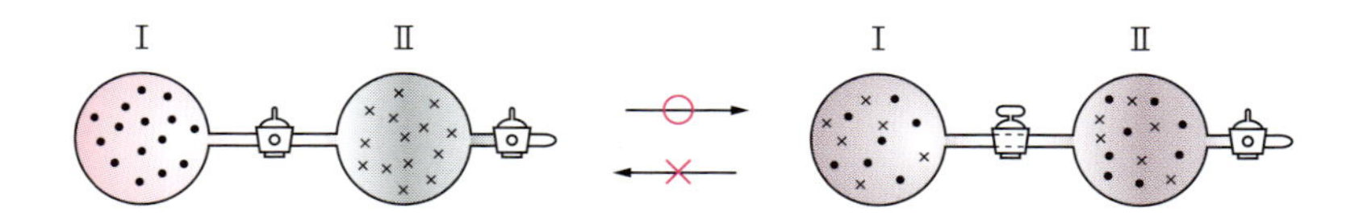

気体の混合は自然に起こるが，分離は自然には起こらない.

図 8・10　気体の混合

一定体積の混合気体の全圧は、個々の成分気体が同じ体積で示す圧力（分圧）の和に等しい。この関係を**ドルトンの分圧の法則**という。全圧を P、成分気体の分圧を $p_1, p_2 \cdots$ とすると、次のように表される。

$$P = p_1 + p_2 + \cdots$$

ところで理想気体の分子運動論において、$PV = \dfrac{2}{3}E$ が得られた。成分気体 1, 2, … などの混合気体の圧力は、

$$p_1 = \frac{2}{3} \cdot \frac{E_1}{V}, \quad p_2 = \frac{2}{3} \cdot \frac{E_2}{V}, \quad \cdots$$

$$p_1 + p_2 + \cdots = \frac{2}{3V} \cdot (E_1 + E_2 \cdots) = \frac{2}{3V} \cdot E = P$$

と表され、これは分圧の法則に他ならない。

【溶　液 ―沸点上昇・凝固点降下・浸透圧―】

水は種々の物質をよく溶かす。物質を溶かした水が水溶液である。一般的には、水のように他の物質を溶かす液体が**溶媒**、溶ける物質は**溶質**とよばれる。溶媒に溶質が溶けたものが**溶液**である。

溶液の性質にはいろいろあるが、ここでは沸点と凝固点および浸透圧に関するものを取り上げる。

8-4　沸点上昇・凝固点降下

水は 0 ℃ で凍るが、海水は凍らない。また水は 100 ℃ で沸騰するが、海水は沸騰しない。すなわち純粋な液体に溶質が溶けると、純液体に固有の沸点・融点が変化するのである（**図 8・11**）。この理由を考えてみよう。高校の「化学」で学ぶ沸点上昇・凝固点降下についてまず要約しておく。

(1)　純物質は、それぞれ固有な沸点・融点（凝固点）を持つ。

(2)　溶媒に不揮発性の溶質を溶かすと、溶液の沸点は上昇し、凝固点は降下

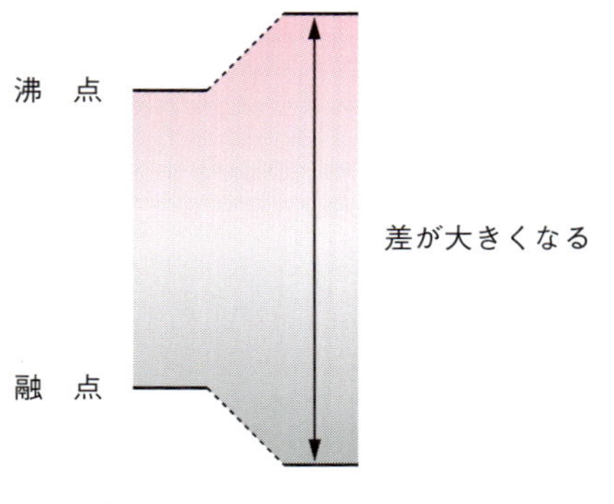

図 8·11　沸点上昇と凝固点降下

する。

(3) 希薄溶液では、沸点上昇、凝固点降下の温度変化量は、一定量の溶媒に対する溶質の物質量に比例する（溶液の質量モル濃度に比例する）。

(4) 沸点上昇度、凝固点降下度は、溶質の種類に関係なく、溶媒の種類によって決まる。

(5) 沸点上昇、凝固点降下は、溶質粒子数に関係するので、電解質溶液では、その点留意する必要がある（酸・塩基など電解質の水溶液の性質については 7-1 節以降参照）。

8-5　ラウールの法則

19 世紀、フランスの化学者ラウールが見出した純溶媒と溶液の蒸気圧に関する法則がある。一定温度における純溶媒の蒸気圧を P_0、溶液の蒸気圧を P、溶媒および溶質のモル数を n_0, n_1 とすると、

$$\frac{(P_0 - P)}{P_0} = \frac{n_1}{(n_0 + n_1)}$$

が成立する。この法則は、溶液中の各成分が互いに影響を及ぼさないような溶液で成立する（そのような溶液は理想溶液とよばれる）。これによれば、

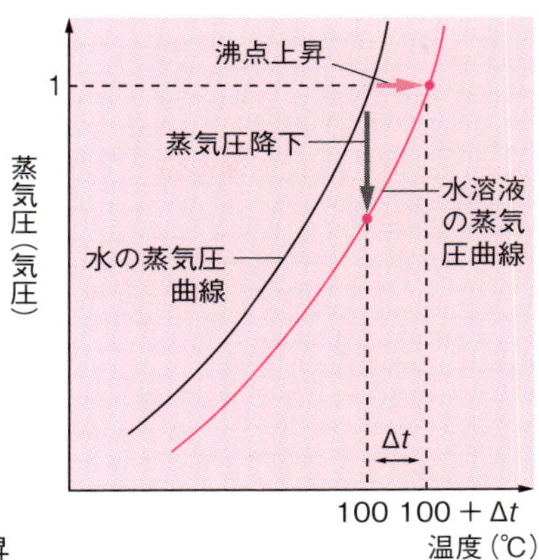

図 8･12　蒸気圧降下と沸点上昇

溶液の蒸気圧は、純溶媒の蒸気圧より低く、蒸気圧降下度は、溶質の濃度に比例する。理想溶液でなくても、希薄溶液ならば、近似的にラウールの法則が成り立つ。

水溶液の場合、溶媒（水）の蒸気圧は純水の蒸気圧より低くなる。純水の蒸気圧は 100 ℃ で 1 atm に達し、沸騰が起こるが、水溶液では 100 ℃ を超さないと蒸気圧は 1 atm とならないので、沸点は上昇する（**図 8･12**）。

蒸気圧は、液体が気体になる、すなわち乱雑さを増大させる傾向を示すものである（エントロピー増大）。コップに水を入れて放置しておくと、いつのまにか水が蒸発してしまうように、一般に自然現象は、エントロピーが増大する方向に変化する。溶液では、溶質が存在するので、純溶媒中にはなかった余分な乱雑さが既に存在する。純溶媒に比べて、より少ない溶媒の気化で、エントロピーの増大は満足されると考えられる（**図 8･13**）。

固体の蒸気圧と液体の蒸気圧が等しくなる点の温度が凝固点である。蒸気圧の低い溶液の凝固点の方が、溶媒の凝固点より低くなる（**図 8･14**）。

熱力学によれば、沸点上昇度 ΔT_b は、次の式で与えられる。

$$\Delta T_b = \left(\frac{RT_0{}^2}{\Delta H_v}\right) x_B$$

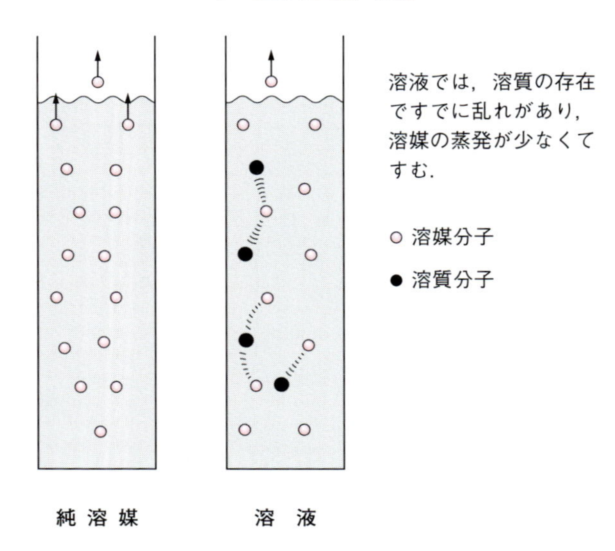

図 8・13　溶液の蒸気圧降下

ここで、T_0 は純溶媒の沸点、ΔH_v は溶媒のモル蒸発熱、また、x_B は溶質 B のモル分率であるが、希薄溶液では、質量モル濃度 m[*1] を使う。溶媒、溶質の質量をそれぞれ w_A, w_B、分子量を M_A, M_B とすれば、

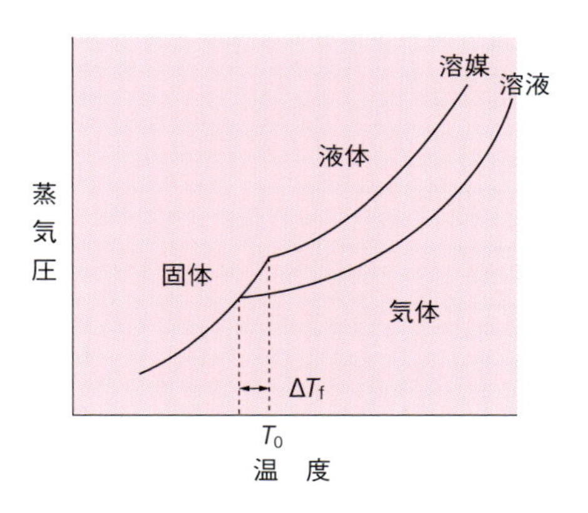

図 8・14　凝固点降下

[*1] 質量モル濃度：溶媒 1 kg（= 1000 g）に溶けている溶質のモル数。

$$x_B = \frac{\dfrac{w_B}{M_B}}{\dfrac{w_A}{M_A}+\dfrac{w_B}{M_B}} \fallingdotseq \frac{w_B M_A}{w_A M_B}, \qquad m = \frac{w_B}{M_B}\cdot\frac{1000}{w_A}$$

したがって、

$$x_B = \frac{m}{1000}M_A$$

$$\Delta T_b = \frac{R{T_0}^2}{\Delta H_v}\cdot\frac{mM_A}{1000}$$

ここで、$\dfrac{\Delta H_v}{M_A}$ は溶媒 1 g あたりの蒸発熱 l_v であるから、

$$\Delta T_b = \frac{R{T_0}^2}{l_v}\cdot\frac{m}{1000} = K_b m$$

$$K_b = \frac{R{T_0}^2}{1000\,l_v}$$

K_b は**モル沸点上昇**である。モル沸点上昇は溶質の濃度 $1\ \mathrm{mol\cdot kg^{-1}}$ の溶液の沸点上昇度である。

同様にして、**モル凝固点降下** K_f を求めることが出来る。

$$\Delta T_f = K_f m$$

$$K_f = \frac{R{T_0}^2}{1000\,l_f}$$

ΔT_f は凝固点降下度、K_f はモル凝固点降下、T_0 は純溶媒の凝固点、l_f は溶媒 1 g の融解熱である。

[**例**] 沸点における水のモル蒸発熱は $40.66\ \mathrm{kJ\cdot mol^{-1}}$ である。これから水のモル沸点上昇を求める。

水の分子量 18.02,　$l_v = \dfrac{40660}{18.02}\ \mathrm{J\cdot g^{-1}}$

$$K_b = \frac{(8.314\ \mathrm{J\cdot K^{-1}\cdot mol^{-1}})(273.15+100\ \mathrm{K})^2}{\left(1000\times\dfrac{40660}{18.02}\ \mathrm{J\cdot kg^{-1}}\right)} = 0.513\ \mathrm{K\cdot kg\cdot mol^{-1}}$$

$$(R = 8.314\ \mathrm{J\cdot K^{-1}\cdot mol^{-1}})$$

コラム

凝固点降下の応用例

沸点上昇、凝固点降下は溶質粒子数に関係すると述べた。寒冷地の車道では、積雪を防ぐために塩化カルシウムを撒くことがある。$CaCl_2$ はイオン化して $Ca^{2+} + 2Cl^-$ となるから、質量モル濃度が高くなるため効率がよい。ただし、電解質が付着すると車体を傷める可能性がある。

冷凍庫が普及していなかったころ、家庭で 0℃ 以下の水溶液を得るため、氷に食塩を加えて用いた経験を持つ人も多い。

また、自動車のラジエーターにエチレングリコール $HOCH_2CH_2OH$ を加えた水を用いて凝固点を下げると、寒冷期でもエンジンの冷却水の循環を円滑に出来る。

凝固点降下は分子量測定にも利用されるが、例えば酢酸（分子量 60）をベンゼンに溶かして凝固点降下を測定し、これから分子量を求めると約 120 となる。酢酸はベンゼン中では水素結合によって 2 分子が会合していると考えられる。

$$CH_3-C\begin{matrix}\nearrow\!\!\!= O\cdots H-O \searrow \\ \searrow O-H\cdots O =\!\!\!\nearrow\end{matrix}C-CH_3$$

表 8·2　いくつかの溶媒のモル沸点上昇とモル凝固点降下

溶　媒	沸　点 (K)	モル蒸発熱 ($kJ \cdot mol^{-1}$)	K_b ($K \cdot kg \cdot mol^{-1}$)
二酸化炭素	319.5	26.78	2.29
エタノール	351.5	38.58	1.22
ベンゼン	353.3	30.76	2.54
水	373.15	40.66	0.515
溶　媒	**凝固点 (K)**	**モル融解熱 ($kJ \cdot mol^{-1}$)**	**K_f ($K \cdot kg \cdot mol^{-1}$)**
水	273.15	6.01	1.85
ベンゼン	278.6	9.84	5.12
酢酸	289.8	11.7	3.9
ショウノウ	451.6	6.82	37.7

モル沸点上昇やモル凝固点降下の値が大きいということは、純溶媒と溶液とで、蒸気圧の差が大きいことを表しているといえるが、このことを利用して溶質の分子量を求めることが出来る (**表 8·2**)。

8-6 浸 透 圧

濃度の異なる2つの溶液 (溶液と純溶媒の場合を含む) の境界に半透膜*[2] を置くと、溶媒は半透膜を通って、濃度の高い溶液の方へ拡散していく。これが**浸透**である。溶媒が浸透しないようにして平衡を保つには、濃度の高い溶液に圧を加えなければならない。これを溶液の**浸透圧**という*[3] (**図 8·15**)。

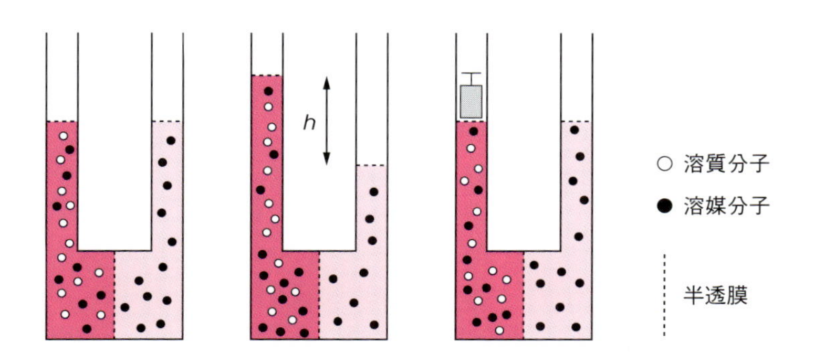

純溶媒と溶液を半透膜を隔てて液面の高さが同じになるように入れる.

放置すると, 溶媒が溶液中に浸透する. 溶液側に溶媒側に対して h の差の分, 圧がかかる.

液面の高さを等しく保つには, 溶液側に圧力をかける.

図 8·15 浸透圧

---

*[2] 分子量の小さい溶媒分子は通すが、分子量の大きい溶質分子は通さない膜のこと。ぼうこう膜、セロハン、細胞膜など。

*[3] 浸透圧をよく理解するには、熱力学で化学ポテンシャルを学ぶとよい。

希薄溶液では、浸透圧に関して、**ファントホッフの法則**が成り立つ。

$$\Pi V = nRT$$

Π は浸透圧、V は溶液の体積、n は溶質の物質量 (mol) である。また、溶けている溶質（非電解質）の質量を w、溶質のモル質量を M とすると、$n = \dfrac{w}{M}$ であるから、

$$M = \frac{wRT}{\Pi V}$$

となるので、浸透圧から溶質の分子量が求まる。

解説

海水の淡水化

海水の淡水化、すなわち海水から塩分を分離するために、古くから蒸発法や凍結法など、水の相変化を利用する方法が行われてきた。近年、半透膜やイオン交換膜など、膜技術が発展し、それとともに電気透析法や逆浸透法が海水の淡水化に応用されるようになった。地球上の水の 97 % は海水であるので、これを淡水化して工業用水などに適用する技術は重要なものである。ここでは**逆浸透法**について簡単に述べる。

海水の場合、その浸透圧は約 23 $\mathrm{kg \cdot cm^{-2}}$ であり、この浸透圧以上の圧力を塩水に加えることによって、海水中の水が半透膜を通って、真水側に押し出される。この現象が逆浸透である。膜の素材としては、酢酸セルロースや芳香族ポリアミド、三酢酸セルロースなどがある。逆浸透法は、海水の淡水化の稼働実績が急激に増加している方法で、エネルギー所要量も小さく、一段脱塩で飲料水が得られ、二段脱塩で純水に近い水質が得られる。濃縮廃水が出るが、環境への影響は大きくない、などの利点がある。

コラム

浸透圧測定の歴史

ヘキサシアニド鉄(II)酸カリウムの水溶液に硫酸銅の水溶液を静かに加えると、両液の接触面にヘキサシアニド鉄(II)酸銅の沈殿を生じる。これは半透膜の性質を示す。

ドイツの植物学者プェッファー(W. Pfeffer)は、素焼筒の生地の目の間にこの沈殿を生成させ、筒の中に砂糖の水溶液を入れた。筒を水中に浸けると、半透膜を通って水が筒の中に浸透し、内部の圧力が増し、平衡状態に達する。砂糖水溶液の浸透圧が初めて測定されたのは1874年のことという。その後、ファント・ホッフは、浸透圧が気体の圧力と類似の関係を持つことを見出した。

練習問題

1. 立方最密格子が面心立方格子(立方体の各面の中心に球 ―原子― が存在する)であることを、図8·3を用いて説明せよ。
2. 面心立方格子では、原子の大きさを考慮して面の充填の様子を示すと下図のようになる(原子半径 r、面の長さ l)。この場合、原子の結晶中の空間を占める体積の割合(充填率)を求めよ。

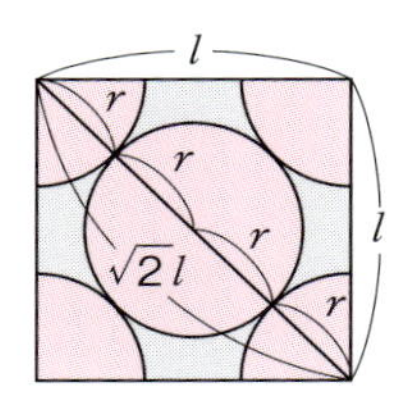

3. 問題2と同様に、体心立方格子の場合の原子の充填率を求めよ。
4. クラウジウス-クラペイロンの式(近似式)

$$\frac{1}{P}\cdot\frac{\mathrm{d}P}{\mathrm{d}T} = \frac{L_\mathrm{v}}{RT^2}$$

は、蒸気圧の微小な温度変化 $\frac{\mathrm{d}P}{\mathrm{d}T}$ を概算するのに役立つ。水はどのような圧力の下で99 ℃ で沸騰するか。101 ℃ ではどうか。

5. 表8･2のモル蒸発熱、沸点の値を用いて、二硫化炭素、エタノールおよびベンゼンのモル沸点上昇を計算せよ。原子量は H = 1.008, C = 12.01, O = 16.00, S = 32.07 とする。

6. ベンゼン（分子量 78）の凝固点は 5.53 ℃、モル融解熱は $9.84\ \mathrm{kJ \cdot mol^{-1}}$ である。ジニトロベンゼン（分子量 168）の 5 % ベンゼン溶液の凝固点を求めよ。

7. 標準状態（$T = 273\ \mathrm{K}$, $P = 1.013 \times 10^5\ \mathrm{Pa}$）で、気体のモル体積は $22.4\ \mathrm{L \cdot mol^{-1}}$ である。

(1) 圧力の単位に Pa、体積の単位に L を用いた場合の気体定数 R を求めよ。

(2) 圧力の単位に Pa、体積に $\mathrm{m^3}$ を用いた場合の R を求めよ。

(3) $1\ \mathrm{Pa} = 1\ \mathrm{N \cdot m^{-2}}, 1\ \mathrm{N \cdot m} = 1\ \mathrm{J}$ である。J を用いて R を求めよ。

(4) 圧力の単位に atm、体積の単位に L を用いた場合の R を求めよ。($1.013 \times 10^5\ \mathrm{Pa} = 1\ \mathrm{atm}$)

8. 7.00 mol のアンモニアが 75 ℃ で 11.3 L を占めるときの圧力をファンデルワールスの状態方程式を用いて計算せよ。ただし、$a = 4.17\ \mathrm{atm \cdot L^2 \cdot mol^{-2}}$, $b = 3.71 \times 10^{-2}\ \mathrm{L \cdot mol^{-1}}$ である。

なお、この値を、アンモニアを理想気体として求めた圧力と比較せよ（実測値：15.8 atm）。

9. ヒトの血液の浸透圧は 37 ℃ で 7.5 atm である。同じ温度で同じ浸透圧を持つブドウ糖の水溶液 2 L を作るには何グラムのブドウ糖を必要とするか。

9 有機化学と有機化合物
―その種類と特性―

有機化学は、初段階ではやや難しいところはあるが、いったん基礎が理解出来ると広い展望が得られる（化学は暗記物ではない）。

有機化合物は生物を作り上げ、それを維持している物質である。これに対して、無機化合物の多くは直接に生命維持には関わらず、生活を便利にする道具として役立っている。生命現象の理解には有機化学の理解が必須である。(とはいっても、典型的な無機化合物でも生物に必須なものがある。水、塩化ナトリウム、リン酸カルシウム（骨、歯）などがその例である。ヘモグロビン、葉緑素などは、有機化合物と無機化合物の中間に位置している。)

9-1 有機化学の考え方

有機化学は炭素化合物の化学である。無機化合物の多くがイオン結合で出来ているのに対して、有機化合物（炭素化合物）は共有結合で出来ている。イオン結合性物質と共有結合性物質の物性・反応にはかなりの違いがある。これが、有機化学をまとまったものとして独立に学ぶ理由である。有機化合物は、動物・植物を形作り、その新陳代謝を支えている。また、自然にない有機化合物も化学合成によって作られ、動・植物由来の有機物質とともに、人間の生存・生活に欠くことの出来ないものである。有機化学は、化学・生物（医学、農学、薬学を含む）系学部・学科では特に基礎科目になっている。

有機化合物は強い共有結合で出来た炭素骨格に、水素やそれぞれが特徴的な性質を示す原子団（**官能基**）を持つ化合物ある。多様な炭素骨格、官能基の組み合わせによって有機化合物の種類は無限といってよい。このように多様な有機物質も、官能基によって分類整理されて系統化される。高校「化学」に始まって、大学の有機化学も官能基に沿って体系化が行われる。

高校の「化学」のなかでも有機化学（有機物質の化学）はかなりのウエイトを占めている。そこでは、有機化合物の構造（炭素骨格と官能基の配置）とその特性（物理的性質、化学的性質 ＝ 反応）を官能基に即して学ぶ。官能基とは、物質の物理的性質（水に溶けやすい、蒸発しやすいなど）や化学的性質（反応）を決める原子団であるが、高校レベルでは、官能基の特性を「なぜ」という問いを後回しにして、事実として学ぶ。

大学では、官能基が持っている結合の性質（結合を作っている電子の状態、⇒ 第 4 章「化学結合」）の考察の上に立って、官能基やベンゼン環の物理的性質（沸点・融点、溶解度、さらに進んでは、電気・磁気的性質、光学的性質などの機能性）や反応性を、より高い立場から、統一的に理解する。さらに、高校では“天下り”で暗記していた反応などを、それがなぜ起こるかを理解するのである。反応式で書くと 1 行で終わってしまう反応も、いくつかの反応（⇒ 第 6 章「化学反応」）のつながりによって起こっている（反応機構）ことを知り、反応の必然性を理解する [*1]。

官能基からひとまず離れて、多様な炭素骨格が出来る理由を考えてみよう。炭素は周期表第 2 周期の中央に位置していて、電子を引く力が大きくもなく小さくもなく、共有結合を作るのに好適な性質を持っている。さらに、1 個の C は 4 個の結合を作り、長くつながったり、輪になったり、自由に枝分かれしたりする炭素の骨格を作ることが出来る。これに水素や官能基が結合して多様な有機分子が出来る。

[*1] ただし、有機化合物の起こす現象、特に反応は多様で複雑なので、簡単には統一的な理解にはいたらない。以下に述べることはごく基本的なものであり、全ての化学現象を統一的に説明するにはほど遠い。

次に反応を考察してみよう。有機化合物の反応は、共有結合の組み替えである。強い共有結合に作用して結合を壊し、作り替えるには、反応性に富んだ（不安定な）反応活性種が必要である。

反応活性種には、イオン性種とラジカル性種とがある。イオン性反応活性種においては、求電子種と求核種が区別される。

イオン性反応活性種

求電子種：最外殻電子が6個で最外殻の電子が2個不足しており、多くの場合正の電荷を持つ。電子が集まった場所（共役系のパイ電子の密度が高いところなど）を攻撃する。例：ハロゲン（陽）イオン（p. 134）、芳香族炭化水素のニトロ化におけるニトロニウムイオン（NO^{2+}, p. 134）、フリーデル-クラフツ反応におけるアシルイオン（RCO^{+}, p. 134）など。

求核種：結合に関与していない電子対（非共有電子対）を持ち、負に帯電していることも多い。電子不足の場所を攻撃する。例：マグネシウムなどの金属と結合したアルキル基 R-MgCl（グリニャール反応；p. 133）、アルコキシドイオン（RO^{-}）、アミン、アルコール、ハロゲン化物イオンなど。

ラジカル性反応活性種（遊離基）

最外殻電子が7個、すなわち1個の不対電子を持った反応活性種。不対電子の状態を解消するために、相手の分子の持つ電子を強引に奪ったりする。反応が一段階では終わらず、連鎖反応になることが多い。不対電子を・で表す。例：ハロゲン原子（Cl・, Br・）、ベンゾイルオキシラジカル（C_6H_5COO・）、酸素分子も一種のラジカルである。

9-2 アルデヒド・ケトン・カルボン酸の反応

本論の官能基に戻ろう。高校「化学」では、官能基として、-OH（アルコール、フェノール）、-CHO（アルデヒド）、C=O（ケトン）、-COOH（カルボン酸）、$-NH_2$（アミン）、それに不飽和結合（C=C、C≡C）などがとり上げられ、その性質が事実として述べられる。それが大学レベルではどのように理解されるかを、ケトン・アルデヒド（カルボニル基）の例について見てみよう。

a）アルデヒド、ケトンの水に対する親和性

炭化水素（メタン、エタン、エチレン、アセチレン、ベンゼンなど）は水にほとんど溶けないのに、アセトアルデヒド（CH_3CHO）やアセトン（CH_3COCH_3）は水と自由に混ざる。この違いを考えてみよう。水の O−H シグマ結合の電子は、O の電子を引く力が大きいので O の方に引き寄せられ、$O^{\delta-}-H^{\delta+}$のように分極している。これが他の水分子の ＋, − と電気的に引き合い、ネットワークを作っている。

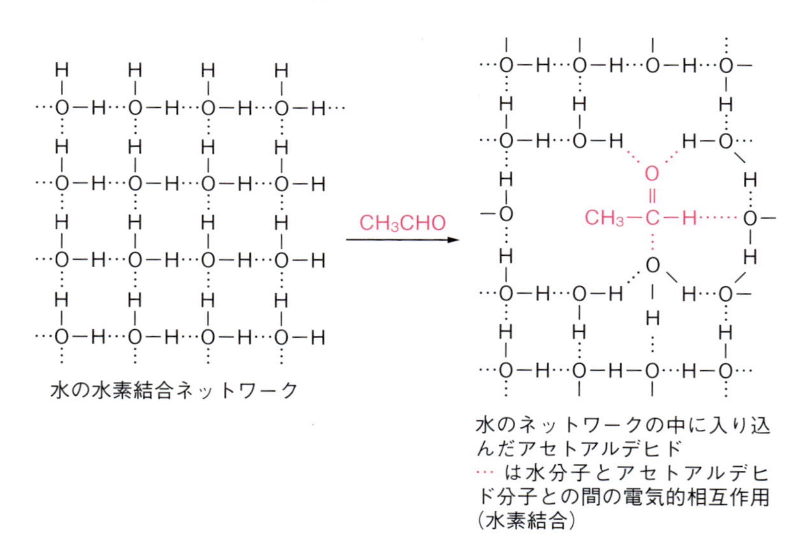

水の水素結合ネットワーク

水のネットワークの中に入り込んだアセトアルデヒド
… は水分子とアセトアルデヒド分子との間の電気的相互作用（水素結合）

ものが水に溶けるということは、水分子のネットワークを壊し、溶質分子が入り込むことである。水素結合のネットワークを切って異分子の入る空間を作るにはエネルギーがいる。異分子と水分子の間に働く引力が上のエネルギーの損失をカバーできれば、異分子は水に溶けることが出来る。水素結合の力は強いので、水素結合を切る損失は水素結合の生成によるのがよい。ア

解説

水素結合

水素結合は厳密な意味での結合ではなく、本質的には、結合の分極によって生じる ＋ － の電荷の引力として理解される。O−H 結合では、電気陰性度の大きい O の方が強く電子を引きつけるので $O^{\delta-}$−$H^{\delta+}$ のように分極する。するとこの $H^{\delta+}$ は他の分子 $O^{\delta-}$ と電気的に引き合い、分子の間に引力が生まれ分子が離れにくくなり、沸点が高くなる。この分子間引力は、結合に分極があればどこででも生まれるものである（例：ケトン同士）。しかし、$H^{\delta+}$ が関与する場合に大きく、それで水素結合とよばれる。完全に電子を失った H^{+} は電子を持たない裸のプロトンであり、その大きさは、水素以外の原子の大きさ（電子軌道の外側）の $\frac{1}{2000}$ くらいしかない。したがって、負に帯電した O 原子により近づくことが出来る。電気力は距離の 2 乗に逆比例するのだから、分子間の O…H の静電的な引き合いは、他の分子間の静電的な引力に比べて強いものになる*。これが、水素結合として、他の分子間力と区別される理由である。これは N−H についても同じことである。水素結合は生命現象（遺伝情報の伝達など）でも重要な役割を果たしている。

* 電気力の大きさは、万有引力との比較によってよりよく理解できる。2 個の電子の間には電気力による反発力と万有引力による引力が働き、ともに逆 2 乗の法則に従う。それゆえ、2 つの電子がどこにあろうとも、電気力による反発力と万有引力による引力の比は一定である。その値は、電気力による反発力／万有引力による引力 = 10^{42} というとてつもなく大きな値（宇宙と原子核の大きさの比がこの値と一致するという）で、電気力が全てを決めている。ごくわずかな分極でも大きな影響を示すことが理解できる。

ルデヒド、ケトンは前ページの図のように水と水素結合でき、水に溶けやすいことが理解される。

b）ケトン、アルデヒドの反応

高校の段階では、ケトンとアルデヒドとで異質な点（アルデヒドの酸化されやすさ = アルデヒドによる還元）が強調されるが、実はケトンとアルデヒドとの間には共通点の方が多い（ケトン基、アルデヒド基を合わせてカルボニル基という；付表 1（p. 140）の官能基参照）。

C=O のパイ結合は容易に開いて付加反応を起こす。C=O のパイ結合は、

$C^{\delta+}{=}O^{\delta-}$（極端に書けば $C^{+}{-}O^{-}$）のように分極し、C^{+}には 6 個の外殻電子しかない状態になっており、アルコールやアミンの非共有電子対を（丸ごと）受け入れることが出来る。

アルデヒドとアルコールとの反応では、穏やかな条件でヘミアセタールが生成する。この反応には少量の酸が触媒になる。H^{+}が C=O の O に結合して、正電荷を C 上に固定化、アルコールの非共有電子対の攻撃を受けやすくするためである。

$$CH_3{-}\overset{\delta+}{C}(H){=}\overset{\delta-}{O} \xrightarrow{H^{+}} CH_3{-}C^{+}(H){-}OH \xrightarrow{CH_3\ddot{O}H} CH_3{-}C(OCH_3)(H){-}OH$$

空の軌道

ヘミアセタール

カルボン酸（COOH）はカルボニル基 C=O に OH 基が結合したものである。この結合は、C=O, OH の双方に大きな影響を与える。C=O, OH の p 軌道は

$$\underset{\mathbf{A}}{H{-}O{-}C{=}O} \longleftrightarrow \underset{\mathbf{B}}{H{-}O{-}C^{\oplus}{-}O^{\ominus}} \longleftrightarrow \underset{\mathbf{C}}{H{-}O^{\oplus}{=}C{-}O^{\ominus}}$$

結合　　結合

のように重なっていて、OH の非共有電子対は C=O に流れ出す（**B**），（**C**）。この結果、OH の O は電子不足になって正に帯電する（**C**）。一方、C=O の C 上の電子不足は緩められる。OH の O 上の正電荷は O−H シグマ結合の電子を O の方に引き寄せ、H^{+}を放出しやすくする。カルボン酸の酸性の原因である。一方、C=O の C 上の電子不足の緩和は、アルコールなど求核種との反応性を低下させる。カルボン酸とアルコールとの反応によるエステル化は、硫酸を触媒にし、加熱しなければならない（カルボニルのアセタール生成の場合と同様に H^{+} が C=O の O に結合して、正電荷を C 上に固定化、アルコールの非共有電子対の攻撃を受けやすくする）。

$$CH_3-\underset{\substack{|\\OH}}{C}=O \xrightarrow{H^+} CH_3-\underset{\substack{|\\OH}}{C^+}-OH \xrightarrow{CH_3\ddot{O}H} CH_3-\overset{\substack{OCH_3\\|}}{\underset{\substack{|\\OH}}{C}}-OH + H^+$$

$$\xrightarrow{-H_2O} CH_3-\underset{\substack{|\\OCH_3}}{C}=O$$

解 説

グリニャール 反応

高校化学の段階では、炭素と金属との結合は問題になってこない。しかし現代の化学、化学技術では、金属と炭素とに結合を持った有機金属が重要な役割を果たしている。

その代表的な化合物は、炭素とマグネシウムとが結合したグリニャール試薬である。これは、完全に水を除いたエーテル中で、金属マグネシウムと有機ハロゲン化合物を反応させて作る（室温で反応が始まり、熱を出しながら金属マグネシウムが溶けていく）。

RX（X：ハロゲン）＋ Mg → R-MgX
（乾燥したエーテル中）

C－Mg 結合はイオン結合に近く、C：$^{\ominus}$Mg$^{\oplus}$ のように電荷が偏っている。この炭素陰イオンは強力な求核種で、ケトン、アルデヒドだけでなく、カルボン酸のエステルとも反応する。

$$CH_3CH_2X \xrightarrow{Mg} CH_3CH_2MgX \xrightarrow{RCHO}$$

$$\begin{matrix} CH_3\overset{\ominus}{C}H_2MgX \\ \ddot{\ } \\ R-CH^{\oplus}-O^{\ominus} \end{matrix} \longrightarrow R-\overset{\substack{CH_2CH_3\\|}}{CH}-OMgX \xrightarrow{H_2O} \overset{\substack{CH_2CH_3\\|}}{RCHOH}$$

この反応は正電荷と負電荷を持つ C が結合するもので、炭素－炭素結合を作ることが出来る。炭素骨格を合成化学的に構築していく手段として貴重である。求核種の反応の一例として、第 6 章のコラム「見えない反応を見る」で紹介した置換反応がある。

9-3 ベンゼン環の置換反応

高校の「化学」では、ベンゼンは二重結合を持っているのに、(1) 付加反応を起こさず置換反応を起こすこと、および、(2) 置換反応としては、硝酸と硫酸によるニトロ化、硫酸によるスルホン化、臭素による臭素化を学ぶ。また、(3) フェノールは臭素と反応して 2,4,6-トリブロモフェノールを作る ことも学ぶ。

しかし、(1′) なぜ、付加反応ではなく置換反応が起こるのか？ (2′) 置換反応はもっと種類がないのか？ どんな置換基が入れられ、どんな置換基が入れられないのか？ ニトロ化のときの硫酸の役割は何か？ (3′) ベンゼンと臭素とを反応させるときには、鉄を触媒にして温度を上げないといけないのに、フェノールは水溶液でも直ちに反応して、3 個もの臭素原子が置換してしまうのはなぜか？ それも、OH のオルト、パラ位に置換が起こるのはなぜか？ の疑問が残される。これらは、大学初級の化学で答えられる(**図 9･1**)。

まず、(2′) に回答しよう。反応を開始するには、反応活性種が必要である。ベンゼン環の上下には、共役パイ電子系の電子が広がっている。それゆえ、正電荷を帯びた求電子種がベンゼン環を攻撃する。ニトロ化においては、NO_2^+ がその働きをしていることが分かっている。硫酸が必要な理由は、強酸である硫酸の H^+ が硝酸の脱水を起こし、NO_2^+ が生じるためである。臭素化においては、Fe と Br_2 の反応で生成するルイス酸の $FeBr_3$ が触媒になって Br^+ が (**図 9･2**)、フリーデル-クラフツ反応においては、$AlCl_3$ が触媒になって R^+, RCO^+ が出来る。

それゆえ、正電荷を帯びた活性種が出来ないような置換反応は起こらない。CO_2, OH は負の電荷を持つ方が安定で、正電荷を持つものを作るのが難しいので、ベンゼン環に直接 COOH, OH を導入することが出来ない。ベンゼンからフェノールを作るのに、いくつかの過程を組み合わせた回りくど

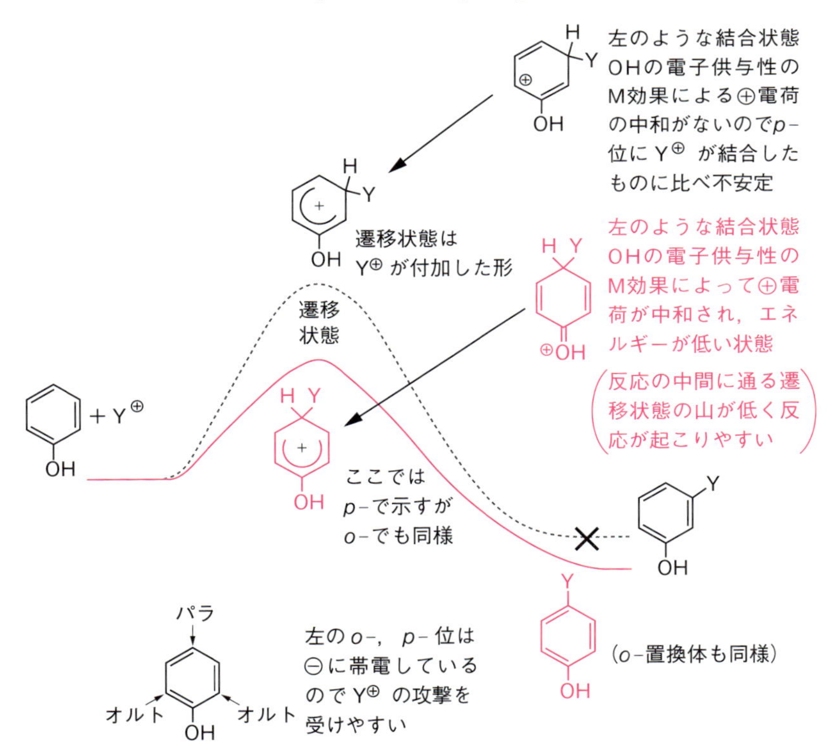

図 9·1　フェノールの求電子置換反応の反応経路

い方法を使わなければならないのはこのためである。

次に、(3′) の質問に答えよう。共役パイ電子系の分極については、共有結合の分極の項で説明した。これによると、OH の付いたベンゼン環の *o*-, *p*-

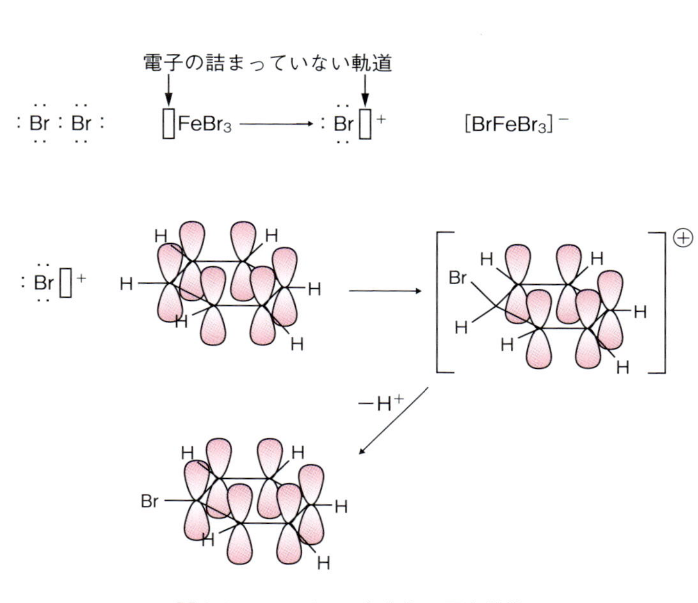

図 9·2　ベンゼンの臭素化の反応機構

の炭素は負に帯電していて、正の電荷を持つ求電子種と結合しやすい。ベンゼンの炭素より負の電荷が大きいのだから、ベンゼンよりも反応しやすいことが説明出来る。

(1′) の質問「なぜ、付加反応ではなくて、置換反応が起こるか」の答えは、6 個のパイ電子が共役したベンゼン環が安定なので、共役が分断されエネルギーの高い遷移状態が、H^+ を放出して、ベンゼン環を回復して安定になろうとするからである。

ベンゼン環で起こる反応のほとんどは、この求電子置換反応である。高校「化学」で学ぶ、ジアゾニウム塩からアゾ色素を生成する反応も、この型の反応である。

9-4　イオン反応とラジカル（遊離基）反応

イオン反応とラジカル反応との違いを見る良い例が、プロペン（$CH_3-CH=CH_2$）と臭化水素（HBr）との反応である。厳格に酸素を除いて反応させると、反応は遅いがBrが$CH_3-CH=CH_2$の中央のCに結合し、Hが末端Cに結合した付加生成物が得られる。酸素が溶けていると、速い反応が起こって、HとBrが逆の位置に付加した生成物が生じる。前者はH^+によって開始されるイオン反応、後者は$Br\cdot$によって開始されるラジカル反応である。イオン反応でもラジカル反応でも、最初に末端炭素に付加が起こるので、反応生成物が違ってくる。

$$CH_3-CH=CH_2 \xrightarrow{H^+} CH_3-\overset{+}{C}H-CH_2(H^+) \xrightarrow{Br^-} CH_3-CH(Br)-CH_2(H)$$

（$\overset{+}{\square}$ 空の軌道）

$$CH_3-CH=CH_2 \xrightarrow{Br\cdot} CH_3-\dot{C}H-CH_2(Br) \xrightarrow{HBr} CH_3-CH(H)-CH_2(Br) + Br\cdot$$

$Br\cdot$はBr^-の酸化によって生まれる。ラジカル反応ではラジカル種が再生することが多く、反応が連鎖になり反応が速い。高圧法ポリエチレンもラジカルの連鎖反応で作られる。

第2の例は、トルエンと臭素（Br_2）との反応である。鉄（実際に働くのは強いルイス酸である臭化鉄(III)）を触媒にして反応させると、ベンゼン環に置換が起こって、*o*-, *p*-ブロモトルエンができる。反応は9-3節で述べたBr^+による求電子置換反応である（図9.2）。ところが、触媒の代わりに光を照射すると側鎖のメチル基に置換が起こって、ブロモメチルトルエンができる。Br^2（赤褐色をしているということは、太陽光の一部を吸収している

コラム

有機化学と無機化学との距離

今はどこの国でも無機化学と有機化学は別々の科目として教えられているが、昔は無機化合物と有機化合物の間に垣根がなく、化学者はえり好みなく自由に無機と有機の間を歩き回っていた。

しかし、無機化合物についてはよく適合するベルセリウスの電気的二元論（1819 年；化合物は電気的に陽性のものと陰性のものが結合して出来る）が有機化合物ではうまく適合しない（無機化合物はイオン結合で出来ているのに対し、有機化合物は共有結合で出来ていることの反映である）などのことから、無機化学と有機化学は別々の道を歩むことになった。

現在では再び無機と有機の垣根が低くなり、無機と有機の融合が起こっている。金属や典型元素（S, Se, Te, P, As など）を持った炭素化合物が、有機化学者によっても無機化学者によっても研究されている。d 軌道の電子の働きによってこれまでの常識を破る反応が起こる。2010 年にノーベル化学賞を受けた、鈴木 章、根岸英一の仕事も、無機と有機の狭間を突いたものである。

ことを意味する）は、光のエネルギーを受け取って結合が切れ Br・ができ、これがメチル基の水素から水素原子を引き抜き（安定な HBr ができる）*2、ラジカル反応の連鎖が始まるのである。

---

*2　Br・がなぜ、ベンゼン環ではなく側鎖のメチル基から水素を引き抜くかといえば、側鎖に生まれるラジカルの不対電子の入っている軌道がベンゼン環のパイ電子系と重なって安定化し、越えなければならないエネルギーの山が低くなるからである。これに対して、ベンゼン環の水素原子が引き抜かれた場合、不対電子の入っている軌道はベンゼン環のパイ軌道と重なり合うことがなく、エネルギーの高い状態に止まっている。

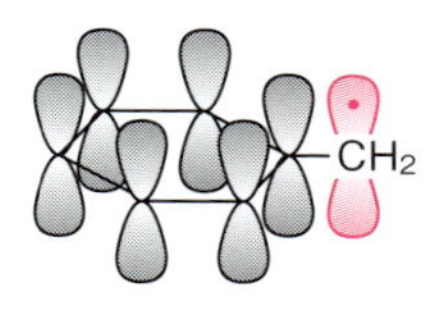

メチル基の H が引き抜かれて出来るラジカル

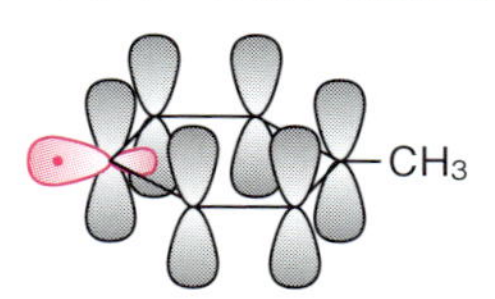

ベンゼン環の H が引き抜かれて出来るラジカル

CH_3 — Br_2 / Fe → (CH_3, Br) + (CH_3, Br)

CH_3 — Br_2 / 光 → CH_2Br

反応活性種に基づいて官能基の反応を整理したものを付表 2 (p. 142) に掲げた。

練 習 問 題

1. 次の言葉を説明せよ。

官能基，求電子種，求核種，ラジカル (遊離基)

2. アルコール、アミン、カルボン酸において、アルキル基の炭素数が大きくなると水に溶けにくくなるのは何故か。

3. 次の化学種を求核種、求電子種、ラジカル種に分類せよ。

Br^+, Br^-, $Br\cdot$, CH_3CH_2MgBr, NH_3, SO_3 (無水硫酸), $CH_3CH_2NH_2$, O_2, CH_3CO^+

4. 求核種、求電子種、ラジカル種はそれぞれどのような分子の部位を攻撃するか。

5-1. 次の化学種を求核性の強い順に並べよ。

CH_3CH_2OH, $CH_3CH_2O^-$, CH_3COO^-, $CH_3CH_2^-$

5-2. 次の化学種をラジカル反応性の高い順に並べよ。

$Cl\cdot$, $Br\cdot$, $I\cdot$

6. フェニルヒドラジン ($C_6H_5-NH-NH_2$) には不対電子を持つ 2 個の N がある。このうちカルボニル基と反応するのはどちらか。

7. ヒドロキシルアミン (NH_2-OH) は N と O とに不対電子を持つが、カルボニル基と反応するのはどちらか。

8. ベンゼンジアゾニウムは弱い求電子種である。フェノールと反応させるとき、アルカリ性にする。これは何故か。

9. 一般にラジカル反応は連鎖反応になる。連鎖が止まり反応が終結するのはどのような場合か。

第９章 付表１　いろいろな官能基の性質

官能基	代表的化合物	代表的化合物の物性	
二重結合 C＝C	$CH_2＝CH_2$ エチレン	常温で気体 水に不溶	二重結合の1つが開いてBr_2などが付加.
三重結合 C≡C	CH≡CH アセチレン	常温で液体 水に不溶	三重結合の2つが開いて2モルのBr_2などが付加.
芳香族化合物	⌬ ベンゼン	常温で液体 水に不溶	二重結合があるのに付加反応が起こらず，置換反応を起こす.
ヒドロキシル OH アルコール	CH_3CH_2OH エタノール	常温で液体 水によく溶ける	酸化され，アセトアルデヒドを経て酢酸になる.
フェノール	⌬-OH フェノール	融点41 ℃ 水に少し溶ける	弱酸性．アルカリ水溶液と反応して溶ける．－OHによってベンゼン環が活性化され置換反応を受けやすい.
カルボニル ＞C＝O アルデヒド O ‖ －C－H	CH_3CHO アセトアルデヒド ⌬-CHO ベンズアルデヒド	常温で気体 水に溶ける 常温で液体 よい香りがある	酸化されやすい（還元性）. カルボン酸になる.
ケトン O ‖ －C－	CH_3COCH_3 アセトン ⌬-$COCH_3$ アセトフェノン	常温で液体 水によく溶ける 結晶 水に少し溶ける	アルデヒドと異なり還元性なし.
カルボン酸 －COOH	CH_3COOH 酢酸 ⌬-COOH 安息香酸	融点17 ℃ 水によく溶ける 結晶 水に少し溶ける	酸性（フェノールより強い） アルコールと反応してエステルが生成.
ニトロ化合物 $－NO_2$	⌬-NO_2 ニトロベンゼン	常温で液体 水に溶けない	還元されてアミンになる.
アミン $－NH_2$	脂肪族 CH_3NH_2 メチルアミン 芳香族 ⌬-NH_2 アニリン	常温で気体 水によく溶ける 常温で液体 水に少し溶ける	脂肪族・芳香族共通の性質 塩基性（酸と反応して塩を作る），アンモニアに類似．カルボン酸と反応してアミドを生成する. 芳香族第一アミン（$－NH_2$）の特性 亜硝酸と反応してジアゾニウム塩を生成.

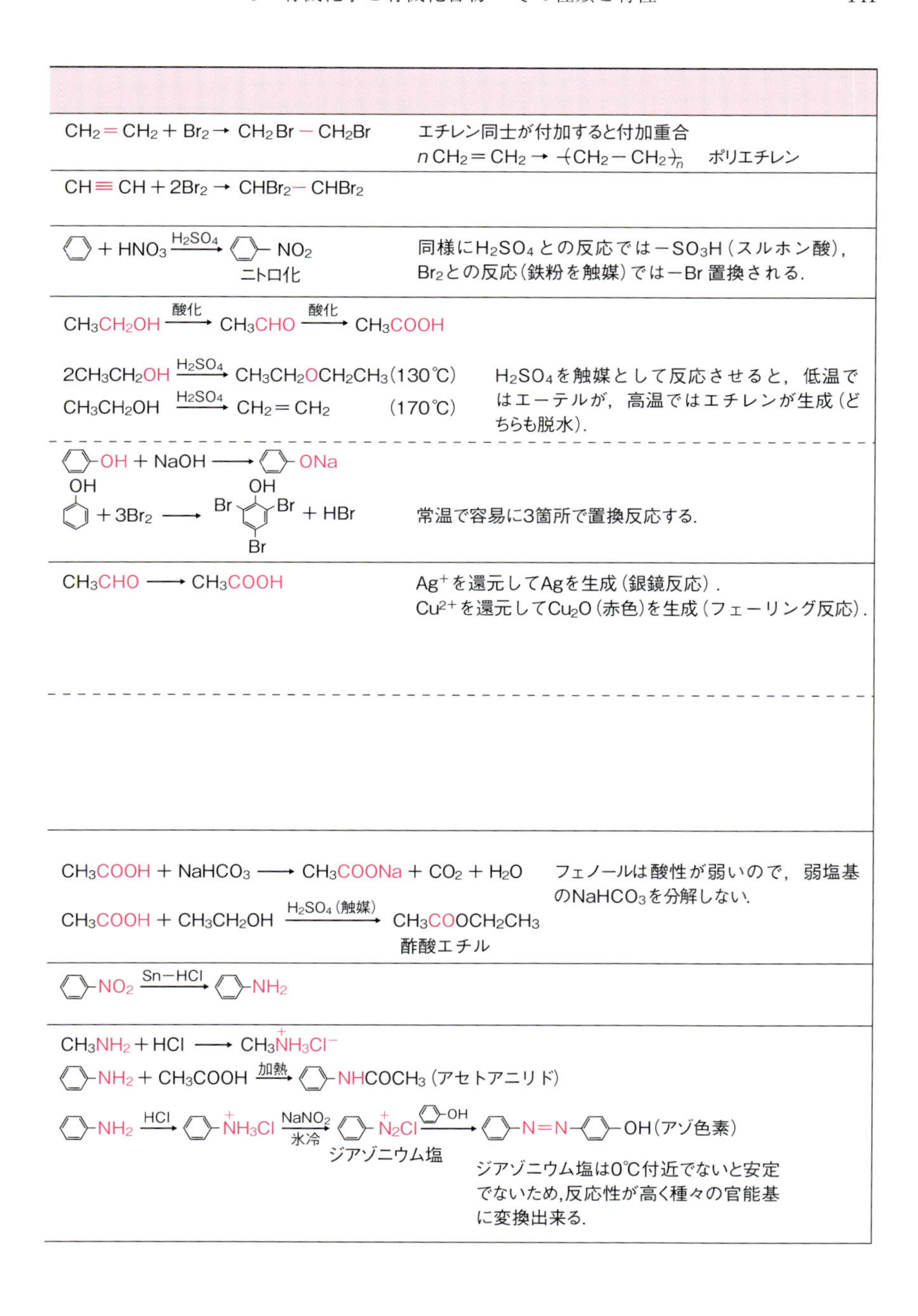

$CH_2=CH_2 + Br_2 \rightarrow CH_2Br-CH_2Br$
エチレン同士が付加すると付加重合
$nCH_2=CH_2 \rightarrow -(CH_2-CH_2)-_n$　ポリエチレン
$CH \equiv CH + 2Br_2 \rightarrow CHBr_2-CHBr_2$
$+ HNO_3 \xrightarrow{H_2SO_4} -NO_2$
ニトロ化
同様にH_2SO_4との反応では$-SO_3H$（スルホン酸），
Br_2との反応（鉄粉を触媒）では$-Br$置換される．
$CH_3CH_2OH \xrightarrow{酸化} CH_3CHO \xrightarrow{酸化} CH_3COOH$
$2CH_3CH_2OH \xrightarrow{H_2SO_4} CH_3CH_2OCH_2CH_3$（130℃）
$CH_3CH_2OH \xrightarrow{H_2SO_4} CH_2=CH_2$（170℃）
H_2SO_4を触媒として反応させると，低温ではエーテルが，高温ではエチレンが生成（どちらも脱水）．
$-OH + NaOH \rightarrow -ONa$
OH
$+ 3Br_2 \rightarrow$
OH
Br
Br
Br
$+ HBr$
常温で容易に3箇所で置換反応する．
$CH_3CHO \rightarrow CH_3COOH$
Ag^+を還元してAgを生成（銀鏡反応）．
Cu^{2+}を還元してCu_2O（赤色）を生成（フェーリング反応）．
$CH_3COOH + NaHCO_3 \rightarrow CH_3COONa + CO_2 + H_2O$
フェノールは酸性が弱いので，弱塩基の$NaHCO_3$を分解しない．
$CH_3COOH + CH_3CH_2OH \xrightarrow{H_2SO_4（触媒）} CH_3COOCH_2CH_3$
酢酸エチル
$-NO_2 \xrightarrow{Sn-HCl} -NH_2$
$CH_3NH_2 + HCl \rightarrow CH_3\overset{+}{N}H_3Cl^-$
$-NH_2 + CH_3COOH \xrightarrow{加熱} -NHCOCH_3$（アセトアニリド）
$-NH_2 \xrightarrow{HCl} -\overset{+}{N}H_3Cl \xrightarrow[氷冷]{NaNO_2} -\overset{+}{N_2}Cl \xrightarrow{-OH} -N=N--OH$（アゾ色素）
ジアゾニウム塩
ジアゾニウム塩は0℃付近でないと安定でないため，反応性が高く種々の官能基に変換出来る．

第 9 章　付表 2　官能基と活性種の反応

	$>C=C<$ (不飽和結合)	環 (ArH)
官能基の電子状態	π結合を作っているp軌道の電子は反応性に富み，求電子種，ラジカル，酸化剤などと反応しやすい．	6個のπ電子を持つ共役環は不飽和性が小さく安定(芳香族性)．しかし，環の上下に広がる電子雲のため正電荷を持つ求電子種の攻撃を受ける．
求電子種 酸	正の電気を帯びた化学種がπ電子と結合する． Br_2もBr^+-Br^-のようになり反応を起こす． $>C=C< + Br^{\delta+}-Br^{\delta-} \longrightarrow -\overset{Br}{C}-\overset{\oplus}{C}- \xrightarrow{Br^-} -\overset{Br}{C}-\underset{Br}{C}-$ H^+がπ電子と結合，付加反応が起こる． (例　HIの付加) $>C=C< \xrightarrow{H^+} -\overset{H}{C}-\overset{\oplus}{C}- \xrightarrow{I^-} -\overset{H}{C}-\overset{I}{C}-$ (9-4 節 参照)	正電荷を持つ$\overset{+}{N}O_2$, Cl^+, Br^+, $R\overset{+}{C}O$などがπ電子密度の高い箇所を攻撃する． 付加ではなく置換反応が起こる． $ArH \xrightarrow[(Fe)]{Cl_2(Br_2)} ArCl(ArBr)$ $ArH \xrightarrow{HNO_3(H_2SO_4)} ArNO_2$ $ArH \xrightarrow{H_2SO_4} ArSO_3H$ $ArH \xrightarrow{RCOCl(AlCl_3)} ArCOR$ $ArH \xrightarrow{RX(AlCl_3)} ArR$ (9-3 節 参照)
求核種 塩基	π電子と求核種の負電荷が反発し合い，反応しにくい．	π電子と求核種の負電荷が反発し合い，反応しにくい．
ラジカル	付加反応をする(例　HBrの反マルコフニコフ付加)． $>C=C< + Br\cdot \longrightarrow -\overset{Br}{C}-\overset{\bullet}{C}- \xrightarrow{HBr} -\overset{Br}{C}-\overset{H}{C}-$ 付加重合 (ビニル化合物) $CH_2=CHX \longrightarrow -(CH_2-CHX)_n-$ アルキンはアルケンよりは反応性が低いが，ラジカルが付加する． (9-4 節 参照)	アルキン，アルケンよりは反応性が低いが，ラジカルが付加する． $C_6H_6 + 3Cl_2 \xrightarrow{h\nu} C_6H_6Cl_6$
酸化剤	π結合の電子が取り去られやすく，種々の形式の酸化を受ける． 例 $>C=C< \xrightarrow{KMnO_4} -\overset{OH}{C}-\overset{OH}{C}- \xrightarrow{KMnO_4} >C=O\ \ O=C<$	酸化を受けにくく，環が破壊されにくい(芳香族性)．
還元剤	$-C=C- \xrightarrow{H_2(触媒)} -\overset{H}{C}-\overset{H}{C}-$ π結合が負電荷を持ち，一般の還元剤とは反応しにくい．	還元は困難，しかし強い条件下で水素化される． ベンゼン $\xrightarrow{H_2(金属触媒)}$ シクロヘキサン

−X（ハロゲン）	−OH
$\overset{\delta+}{C}-\overset{\delta-}{X}$の分極でCが正に帯電.そこに負電荷・非共有電子対を持つ求核種が攻撃する.	O−H結合のσ電子はOに引かれHは正に帯電, 酸性の原因となる. O上の非共有電子対は求核反応の原因となる. 求核性の順は, $RO^- > AO^- > ROH > ArOH$
	正電荷（空いた軌道）を持つ官能基（C−X, $>C=O$, −COY）と反応する. 特にRO^-, ArO^-で反応が著しい. $RO^- + R'X \rightarrow ROR'$ $ROH + >C=O \rightarrow >C(OR)(OH) \xrightarrow{ROH} >C(OR)(OR)$ $ROH + R'COOH \xrightarrow{H^+} R'COOR$ （9-2 節 参照）
非共有電子対（場合によっては負に帯電）を持った求核種が⊕に帯電したCを攻撃して置換反応（S_N1, S_N2）を起こす. $RX + OH^-({}^-OR') \rightarrow ROH(ROR')$ $RX + R'NH_2 \rightarrow RNHR'$ $RX + NH_3 \rightarrow RNH_2$ $RX + CN^- \rightarrow RCN$　（6 章コラム（p. 69）参照） C−X の分極が隣接の C−H の H の酸性を高める. H^+ が塩基で引き抜かれる. 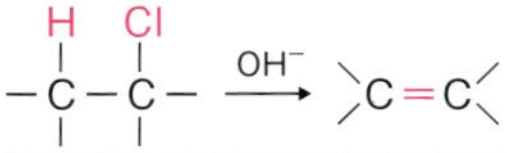 $-\overset{H}{\underset{}{C}}-\overset{Cl}{\underset{}{C}}- \xrightarrow{OH^-} >C=C<$	−OHは酸性を持つので, アルカリと反応する. フェノールは炭酸より弱い酸. $ArONa + CO_2 \rightarrow ArOH$
	第一アルコールはアルデヒドに, 第二アルコールはケトンに, フェノールはキノンに酸化される. $RCH_2OH \xrightarrow{酸化剤} RCHO \xrightarrow{酸化剤} RCOOH$ 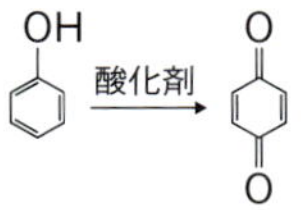 フェノール（OH） $\xrightarrow{酸化剤}$ キノン（O, O）
強い還元剤を作用させると, ハロゲンはHに置き換わる. $>C-X \xrightarrow{LiAlH_4} >C-H$ Mg（Li）と反応してグリニャール試薬を作る. $RX + Mg(Li) \rightarrow RMgX(RLi)$	$-OH \longrightarrow -H$ への還元は起こりにくい.

	$\rangle C=O$ （アルデヒド，ケトン）
官能基の電子状態	π電子の強い分極によるC上の正電荷と空の軌道が特徴．この影響で隣接のC−HのHが酸性を示す． 空の軌道 $\rangle C=C \longleftrightarrow C^{\oplus}-O^{\ominus}$ （9-2 節 参照）
求電子種 酸	
求核種 塩基	C上の空の軌道が求核種の非共有電子対を受け入れる． $\rangle C=O + RNH_2 \longrightarrow \rangle C(OH)-NHR \xrightarrow{(-H_2O)} \rangle C=NR$（シッフ塩基） $\rangle C=O + ROH \longrightarrow \rangle C(OH)-OR \xrightarrow{ROH} \rangle C(OR)_2$（アセタール，ケタール） $\rangle C=O + R^-$金属$^+ \longrightarrow \rangle C(OH)-R$ （9-2 節 参照） 隣接のC−HのHが酸性となりOH⁻の作用で引き抜かれ，炭素陰イオンが生成，アルドール縮合などの反応を起こす． $-C(H)-C=O \xrightarrow{OH^-} -\ddot{C}^{\ominus}-C=O$　$\rangle C^{\ominus}-C-O$　$\rangle C-C-O^{\ominus}$
酸化剤	アルデヒドはさらに酸化されCOOHになる．ケトンは酸化されにくい．
還元剤	還元されてアルコールになる． $RCOR' \xrightarrow{LiAlH_4} RCH(OH)R'$

$-COY$（Y = OH，OR，NH_2） （カルボン酸と誘導体）	$-NH_2$（アミン）
＞C=O の分極で生じるC上の正電荷をY上の非共有電子対が一部中和する． $Y-C^{\oplus}-O^{\ominus}$ アルデヒド，ケトンの性格が弱まる． （9-2 節 参照）	N上の非共有電子対が塩基性の原因となると同時に求核反応をする．
	自身が求核種なので，種々の求電子性の官能基（C−X，＞C=O，＞COY）と反応する． $RNH_2 \xrightarrow{R'X} RNHR'$ $RNH_2 \xrightarrow{R'COR''} RNH\overset{OH}{\underset{R'}{C}}-R'' \longrightarrow RN=CR'R''$ （6 章コラム（p. 69）参照） 酸と反応して塩を作る． $RNH_2 \xrightarrow{HCl} R\overset{+}{N}H_3Cl^-$
C上の空の軌道が求核種の電子対を受け入れる．アルデヒド，ケトンの場合より（硫酸などを触媒にしたり，加熱するなど）反応条件は厳しくする必要がある． 例 $RCOOH + R'OH \xrightarrow{H^+} RCOOR'$（エステル） $RCONH_2 + H_2O \xrightarrow{H^+} RCOOH$ 隣接のC−Hが酸性になり ＞C=Oと類似の反応を起こすが，反応性は ＞C=O の場合より低い． （9-2 節 参照）	N−Hの分極はO−Hの分極より小さく酸性が非常に低い．
通常の反応条件ではこれ以上酸化されにくい．	酸化を受けて複雑な反応生成物を与える．
強い条件で還元されアルコールになる． $RCOOR' \xrightarrow{LiAlH_4} RCH_2OH$	

練習問題の略解（解答の詳細は裳華房 web サイトを参照）

https://www.shokabo.co.jp/mybooks/ISBN978-4-7853-3507-6.htm

第 1 章

1. (1) ○　(2) ○　(3) ○　(4) × 例外はヘリウム (helium)

2. 中性子数 ＝ 質量数 － 原子番号

(1) 中性子数の同じ核種（同中性子体）は ^{30}Si, ^{31}P, ^{32}S

(2) 中性子数の同じ核種（同中性子体）は (^{38}Ar, ^{39}K, ^{40}Ca) および (^{39}Ar, ^{40}K)

3. (1) 元素　(2) 単体　(3) 元素（単体としても誤りではない）　(4) 単体

4. (1) ○　(2) ○　(3) ×　(4) ×（フラーレンも単体）

5. 39.95

6. 73 %（原子質量を用いた正確な値は 69 %）

7. $T = \ln 2/\lambda$ であるから、$\ln N = \ln N_0 - \ln 2\,(t/T)$, $N = N_0\,(1/2)^{t/T}$

第 2 章

2. 電子軌道の長さは電子に付随する波の波長の整数倍でなければならない。

3. $1.88 \times 10^7\ \mathrm{m\cdot s^{-1}}$。

光は、その波長より小さいものは識別することが出来ない。加速された電子の波の性質を利用すると、さらに小さいものを見ることが出来る。これが電子顕微鏡である。

4-1. 遠心力と静電気力の釣り合い：$mv^2/r = e^2/4\pi\varepsilon_0 r^2$（$\varepsilon_0$ は真空の誘電率）。したがって $v = \sqrt{\dfrac{e^2}{4\pi\varepsilon_0 rm}}$。

4-2. 4-1 の最初の式 $mv^2/r = e^2/4\pi\varepsilon_0 r^2$ の両辺の r を約してしまうと $mv^2 = e^2/4\pi\varepsilon_0 r$。

4-3. 全エネルギー E は運動エネルギーと静電エネルギー V との和、$E = (1/2)\,mv^2 + V = (1/2)\,e^2/4\pi\varepsilon_0 r - e^2/4\pi\varepsilon_0 r = -e^2/4\pi\varepsilon_0 r$。4-1 で求めた r を入れると、$E_n = (-me^4/8\,\varepsilon_0{}^2 h^2) \times 1/n^2$。$r$ の場合と逆に、n が 1, 2, 3,… と増すにつれて n^2 に逆比例してエネルギー幅が狭くなっていく。

4-4. 問題 4-1 で中心の正電荷と電子との間に働く静電気力が $Ze^2/4\pi\varepsilon_0 r^2$ になる。後は同じ計算 $r_n = (1/Z) \times n^2\varepsilon_0 h^2/\pi me^2$。

5. 水素原子 1 個の質量は $1.0\ \mathrm{g}/(6 \times 10^{23}) = 1.7 \times 10^{-24}\ \mathrm{g}$。この質量が半径 $1.4 \times 10^{-15}\ \mathrm{m}$ の球（体積 $(4/3) \times 3.1 \times (1.4 \times 10^{-15}\ \mathrm{m})^3 = 1.1\times10^{-44}\ \mathrm{m^3}$）に閉じ込められているので、密度は $1.7 \times 10^{-24}\ \mathrm{g}/1.1 \times 10^{-44}\ \mathrm{m^3} = 1.5 \times 10^{20}\ \mathrm{g\cdot m^{-3}}$。

第3章

1. (1) ○　(2) ○　(3) ×　(4) ○
2. (1) 3pの2準位にスピン並行で1つずつ入る。　(2) 4
3. 第3周期；軌道3s, 3p　元素数8、第4周期；軌道3d, 4s, 4p　元素数18、第6周期；軌道4f, 5d, 6s, 6p　元素数32
4. (1) ${}_{12}Mg$　$1s^2 2s^2 2p^6 3s^2$
   (2) ${}_{27}Co$　$1s^2 2s^2 2p^6 3s^2 3p^6 3d^7 4s^2$
   (3) ${}_{53}I$　$1s^2 2s^2 2p^6 3s^2 3p^6 3d^{10} 4s^2 4p^6 4d^{10} 5s^2 5p^5$
5. 電子配置の点では、d軌道は10個の電子を含み、満たされている。イオンは+2価のものが主で、外側のs電子が失われるので、この場合にもd軌道は満たされており、その点では遷移元素とは言い難い。水溶液中の+2価イオンも無色である。単体の性質は典型元素の金属に似ている。一方、+2価のイオンになり、また種々の錯体を作る点など、遷移元素に似た性質も持つ。
6. $1s^2 2s^2 2p^6 3s^2 3p^6 4s^2 3d^1$ で1個。遷移元素。
7. (1) テトラアンミン亜鉛イオン　(2) ヘキサシアニド鉄(Ⅲ)酸イオン
   (3) ジシアニド銀(I)酸イオン
8. b, c, e
9. 同位体の組成を考えると、これらでは原子番号の低い元素の方が重い同位体の比率が多くなっている。

第4章

3. 2個の電子が2つの原子の間をまわって、静電気力によって2つの原子を結び付けている点で本質的には同じ。しかし、配位結合では形式的には電子の1個が配位する側から配位される側に移ったうえ共有結合を作る形になっているので、配位する側が＋に、配位される側が－に大きく分極する。
4. (a) H(1s)シグマH(1s) 分極なし　(b) $H(1s)^{\delta+}$ シグマ $Cl(3p)^{\delta-}$　(c) $H(1s)^{\delta+}$ シグマ $N(2p)^{\delta-}$　(d) O(2pまたはsp^3)$^{\delta-}$ シグマ $H(1s)^{\delta+}$　(e) $C(sp^3)^{\delta+}$ シグマ O(2pまたはsp^3)$^{\delta-}$　(f) H(1s) シグマ $C(sp^3)$ 分極ほとんどなし　(g) H(1s) シグマ $C(sp^2)$ 分極ほとんどなし　(h) 1個の $C(sp^2)$ シグマ $C(sp^2)$、1個のC(2p)パイC(2p) いずれも分極なし　(i) 1個のC(sp) シグマC(sp)、2個のC(2p) パイC(2p) いずれも分極なし　(j) 1個の $C(sp^2)^{\delta+}$ シグマ $O(2p)^{\delta-}$、1個の $C(2p)^{\delta+}$ パイ $O(2p)^{\delta-}$。
5. p.50～54の考察を、C=OをC=Nに、ORを$N(CH_3)_2$に置き換えればよい。自分の手で図を描いて納得すること。

6. $CH_2=CH-CH=CH_2$ は p. 46 図4·9 のように 2 番と 3 番 C の p 軌道が重なってパイ結合と同じ状態になっている。そこで、両端の炭素に Br が付いて、2 番と 3 番 C の p 軌道が本格的なパイ結合になる。
7. 中央の C が両側の C とパイ結合を作っている。中央の C の 2 つの p 軌道は別のもので、直交していて電子のやり取りをしていない。したがって、2 つのパイ結合は各々孤立していて不安定で反応性が高い。
8. Si と C の最外殻電子の環境はほとんど同じである。ただ、C より Si の方が原子半径が長い。C−C 結合の方が Si−Si 結合より短く、電子が原子核に近い。距離の短い方が強い引力を生む。
9. C と O とは距離が短く、p 軌道同士がうまく重なって安定なパイ結合を作る。しかし、Si と O との距離が長いので p 軌道の重なりが小さく、安定な結合を作ることが出来ない。そこで両者はパイ結合を開いて軌道の重なりが大きいシグマ結合の網を作る。
10. $HOCl < HOClO_2 < HOClO_3$ の順で、$HOClO_3$ が最も強い酸である。

第 5 章

2. 組成式 HO、分子式 H_2O_2、構造式 H−O−O−H (HOOH でもよい)
3. ^2H_2O；全ての水素が重水素である重水。$H_2{}^{18}O$；軽水素と ^{18}O から出来た重水。^2HHO；軽水素と重水素が半々に入った重水。
4. (1) Fe_3O_4 は全体の組成、$FeO{\cdot}Fe_2O_3$ は構成要素を明示。
   (2) $Fe^{2+}(SO_4)^{2-}$ はイオンを明示。(3) 分子式と構造式の違い。
5. (1) NaCl　(2) $Fe^{2+}SO_4{}^{2-}$　(3) $CH_3-\overset{\overset{\displaystyle O}{\|}}{C}-O-CH_2-CH_3$ ($CH_3-CO-O-CH_2-CH_3$ としても普通間違いは起こらない)
6. (1) 酢酸のエチルエステルとプロピオン酸のメチルエステル　(2) ニトロベンゼンと亜硝酸フェニル　(3) ニトロメタンと硝酸のメチルエステル　(4) メタンスルホン酸と硫酸のメチルエステル。

第 6 章

3. (1) 体積が減少する、圧力が小さくなる左方向。(2) 体積の増す右方向。
   (3) 熱を出す左方向。
4. ル・シャトリエの法則を実感する問題である。計算の基本は化学平衡の法則と化学量論 (反応の前後で各原子の総量が変わらない) の関係式を使う。本問は気体の問題なので、物質量 (モル) が分圧に比例することを利用する。

(1) $p_{NO_2} = 0.32\ \mathrm{atm}$、$p_{N_2O_4} = 0.68\ \mathrm{atm}$。

(2) 圧力が2倍になっても体積は1/2にならないことに注意。(1)と同様に、全圧を2として計算すると $p'_{NO_2} = 0.48\ \mathrm{atm}$ (2気圧の場合 p'_{NO_2} のように $'$ を付けて表す)。$p'_{N_2O_4} = 1.52 \fallingdotseq 1.5\ \mathrm{atm}$。気体量 x は0.48。

(3) 体積が2倍になる場合には、全圧 P'' (この条件下の圧力は $''$ を付けて表す)が未知になる。Nに関する物質量は、全圧 P'' を使って $2p''_{N_2O_4} + p''_{NO_2} = 2p''_{N_2O_4} + 2p''_{NO_2} - p''_{NO_2} = 2P'' - p''_{NO_2}$ と書き換えることができる(体積が2倍になったので上の2倍がNに関する物質量に相当する)。すなわち、$1.68 = 2(2P'' - p''_{NO_2})$。平衡の式 $p''_{NO_2}{}^2/(P'' - p''_{NO_2}) = 0.15$ と上式を組み合わせて $P'' = 0.53\ \mathrm{atm}$。(1)と同様の計算で、$p''_{N_2O_4} = 0.31\ \mathrm{atm}$、$p''_{NO_2} = 0.31\ \mathrm{atm}$。$NO_2$ の割合が増している。

5-1. $k = A\mathrm{e}^{-\Delta E/RT}$ の式を使い、$T = 310\ \mathrm{K}$ の k が $T = 300\ \mathrm{K}$ の k の2倍になるときの ΔE を求める。$\Delta E = 53.6\ \mathrm{kJ \cdot mol^{-1}}$。

5-2. 5-1の式で、$\log 2$ を $\log 8 = 3 \log 2$ にして ΔE を求めればよい。この場合の ΔE は $3 \times 53.6\ \mathrm{kJ \cdot mol^{-1}} \fallingdotseq 161\ \mathrm{kJ\ mol^{-1}}$。

6. 半減期 $t_{1/2}$ は、$[\mathrm{R}] = [\mathrm{R}]_0\mathrm{e}^{-kt}$ で $[\mathrm{R}] = 1/2\,[\mathrm{R}]_0$ となる時間。$t_{1/2} = \ln 2/k$。$[\mathrm{R}]$ が1/2から1/4になるときも全く同じ関係。

7. 半減期の何倍で放射線が1/10000になるかは $10000 = 2^x$ で計算される。$x = 13.3$。半減期の約13倍。$^{137}\mathrm{Cs}$ の場合 $30 \times 13 = 390$ 年。

8. N を放射性セシウムの数とする。$dN/dt = -kN$。一方、$k \times$ 半減期 $= \ln 2$ の関係がある。半減期30年に対する k は、$k = \ln 2/(30 \times 365 \times 24 \times 60 \times 60)\ \mathrm{s^{-1}} = 0.693/(9.46 \times 10^8)\ \mathrm{s^{-1}}$。$N = 10^6 \times 9.46 \times 10^8/0.693 = 1.4 \times 10^{15}$。

第7章

1. (1) $CH_3COOH + H_2O \rightleftarrows CO_3COO^- + H_3O^+$

酸　塩基　塩基　酸

(2)

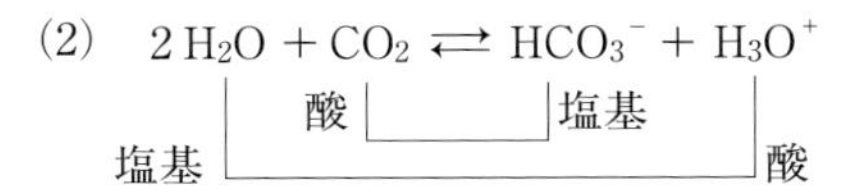

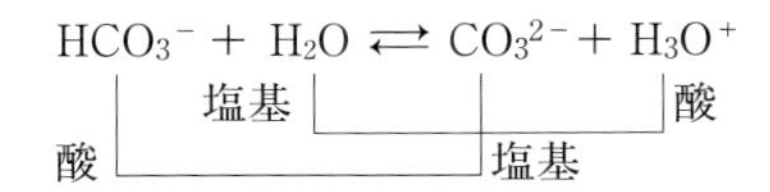

(3)

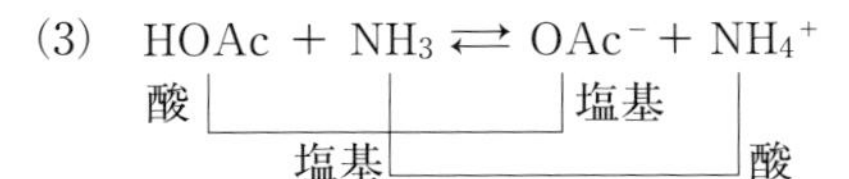

2. pH ＝ 5.12
3. (1) pH ＝ 4.04　(2) pH ＝ 4.02
4. 加水分解定数 $K_h = ([HA][OH^-])/[A^-] = K_W/K_a$、加水分解している弱酸の割合を h とすると、
   $K_h = (ch \times ch)/(c(1-h)) \fallingdotseq ch^2$, $[OH^-] = ch = \sqrt{(cK_W/K_a)}$,
   $[H^+] = K_W/[OH^-] = \sqrt{(K_aK_W/c)}$
5. 6.67 mL
6. (1) CaCl(−1)(Cl(+1)O)　(2) 塩素；+1 → 0 → −1　硫黄；平均では +2 → 5/2。構造が分かっている場合、個別には −2 → −1、酸化数 +6 の硫黄は変化なし。
7. (1) SO_2, S, +4 → 0　(2) $KMnO_4$, Mn, +7 → +2
8. 平衡定数 $K = 10^{20.9}$ となり、還元剤として適切である。
9. 0.763 − (−0.799) ＝ 1.562 (V)

第8章

1. 図8・3Bの(c)で、立方体のカドから対角線方向に見たとき、123,123の重なりが立方最密格子と同じことが分かる。
2. 74 %
3. $l^2 + (\sqrt{2}\cdot l)^2 = (4r)^2$　単位格子あたりの原子数は2である。充填率は68 %。
4. 水のモル蒸発熱は $40.66\ \mathrm{kJ\cdot mol^{-1}}$
   1 atm ＝ 101325 Pa で計算すると、99 ℃ で沸騰するときの大気圧 $\fallingdotseq 9.777 \times 10^4$ Pa、101 ℃ で沸騰するときの大気圧；1.049×10^5 Pa
5. $K_b = \dfrac{RT_0{}^2}{1000\,l_v}$ を用いる。

   二硫化炭素　分子量 76.15　$l_v = \dfrac{26.78 \times 10^3}{76.15} = 351.67\ \mathrm{J\cdot g^{-1}}$

   $$K_b = \frac{(8.314\ \mathrm{J\cdot K^{-1}\cdot mol^{-1}})(319.5\ \mathrm{K})^2}{(1000 \times 351.67\ \mathrm{J\cdot kg^{-1}})} \fallingdotseq 2.41\ \mathrm{K\cdot kg\cdot mol^{-1}}$$

   エタノール　分子量 46.068　$l_v = \dfrac{38.58 \times 10^3}{46.068} = 837.46\ \mathrm{J\cdot g^{-1}}$

   $$K_b = \frac{(8.314\ \mathrm{J\cdot K^{-1}\cdot mol^{-1}})(351.5\ \mathrm{K})^2}{(1000 \times 837.46\ \mathrm{J\cdot kg^{-1}})} \fallingdotseq 1.23\ \mathrm{K\cdot kg\cdot mol^{-1}}$$

   ベンゼン　分子量 78.108　$l_v = \dfrac{30.76 \times 10^3}{78.108} = 393.81\ \mathrm{J\cdot g^{-1}}$

$$K_b = \frac{(8.314\ \mathrm{J \cdot K^{-1} \cdot mol^{-1}})(353.3\ \mathrm{K})^2}{(1000 \times 393.81\ \mathrm{J \cdot kg^{-1}})} \fallingdotseq 2.64\ \mathrm{K \cdot kg \cdot mol^{-1}}$$

6. $$K_f = \frac{8.314(\mathrm{J \cdot K^{-1} \cdot mol^{-1}})(273.15 + 5.53\ \mathrm{K})^2}{1000 \times (9840/78\ \mathrm{J \cdot kg^{-1}})}$$

$$= 5.12\ \mathrm{K \cdot kg \cdot mol^{-1}}$$

$\Delta T_f = K_f m = 5.12 \times 5/168 \times 1000/95 = 1.60$

凝固点 $5.53 - 1.60 = 3.93$

7. (1) $R = 8.31 \times 10^3\ [(\mathrm{Pa \cdot L})/(\mathrm{mol \cdot K})]$　(2) $R = 8.31\ \mathrm{Pa \cdot m^3/(mol \cdot K)}$

(3) $R = 8.31\ \mathrm{J/(mol \cdot K)}$　(4) $R = 0.0821\ \mathrm{atm \cdot L/(mol \cdot K)}$

8. $P = 16.5$ atm、理想気体と考えると $P = 17.7$ atm

9. 106 g

第 9 章

2. アルキル基が入る空間を作るのに多くの水素結合を切る必要があり、アルキル基は水分子と水素結合を作ることができないので、エネルギーの損失が大きい。

3. 求核種　Br^-, CH_3CH_2MgBr, NH_3, $CH_3CH_2NH_2$

求電子種　Br^+, SO_3, CH_3CO^+

ラジカル種　Br・, O_2

4. 求核種：結合の電子が偏り、＋に帯電した部位、C=O の C、C−Cl の C など

求電子種：−に帯電しているか電子密度の高い部位、C=C、ベンゼン環など

ラジカル種：弱い結合に作用。C=C に付加、自分より結合力の弱い結合を切って原子を引き抜く。例；Cl・ + CH_4 → H−Cl + ・CH_3

5-1. $CH_3CH_2^- > CH_3CH_2O^- > CH_3COO^- > CH_3CH_2OH$

5-2. Cl・ > Br・ > I・

6. 端の NH_2 の N。

7. 電気陰性度が小さく、電子対を与えやすい N。最終生成物はオキシム。

8. ベンゼンジアゾニウム $C_6H_6N_2^+$ は＋電荷を持ち、求電子種である。しかし、Br^+ のように強力な求電子種ではない。したがって、相手の物質は電子豊富なベンゼン環でなければならない。アルカリで $-O^-$ になったフェノールは、−OH のときより電子供与性が増し、$-O^-$ からベンゼン環の *o*-, *p*- 位により多くの電子が流れ込んで上の条件を満たす。

9. 2 個のラジカル種が出会ったとき、ラジカル同士が共有結合を作る場合（二量化）と、原子が移動して一方がアルケンに、一方がアルカンになる場合（不均化）がある。ラジカルは消滅して連鎖反応が止まる。

索　引

ア　行

カ　行

サ　行

タ　行

ナ　行

ハ 行

マ 行

ヤ 行

ラ 行

著者略歴

杉森（すぎもり） 彰（あきら）

1956年 東京大学理学部化学科卒業
1958年 東京大学大学院修士課程修了
　　　 日本原子力研究所研究員
1963年 上智大学理工学部助教授
1972年 上智大学理工学部教授
1999年 上智大学名誉教授

富田（とみた） 功（いさお）

1956年 東京大学理学部化学科卒業
1958年 東京大学大学院修士課程修了
1968年 東京教育大学理学部助教授
1978年 東京水産大学水産学部教授
1986年 お茶の水女子大学理学部教授
1998年 お茶の水女子大学名誉教授

Catch Up 大学の化学講義 —高校化学とのかけはし—（改訂版）

2005年 2月 5日 第1版発行
2015年 1月 30日 第7版1刷発行
2015年 11月 10日［改訂］第1版1刷発行
2020年 2月 10日［改訂］第2版2刷発行

検印
省略

定価はカバーに表示してあります．

著作者 杉森 彰
　　　 富田 功
発行者 吉野和浩
発行所 東京都千代田区四番町 8-1
　　　 電話 03-3262-9166（代）
　　　 郵便番号 102-0081
　　　 株式会社 裳華房
印刷所 株式会社 真興社
製本所 牧製本印刷株式会社

一般社団法人
自然科学書協会会員

ISBN 978-4-7853-3507-6

化学サポートシリーズ

化学をとらえ直す　－多面的なものの見方と考え方－

杉森　彰 著　Ａ５判／108頁／定価（本体1700円＋税）

「無機」「有機」「物理」など，それぞれの講義で学ぶ個別の知識を本当の“化学”的知識とするためのアプローチと，その過程で見えてくる自然の姿をめぐるオムニバス．

【主要目次】 1. 知識の整理には大きな紙を使って表を作ろう －役に立つ化学の基礎知識とは－　2. いろいろな角度からものを見よう －酸化・還元の場合を例に－　3. 数式の奥に潜むもの －化学現象における線形性－　4. 実験器具は使いよう －実験器具の利用と新らしい工夫－　5. 実験ノートのつけ方 －記録は詳しく正確に．後からの調べがやさしい記録－

化学サポートシリーズ

化学のための数学

藤川高志・朝倉清高 共著　Ａ５判／208頁／定価（本体2700円＋税）

物理化学の分野では，多くの数学が用いられる．その各領域で用いられている基本的な数学を，化学・材料科学系の学生（初心者）が手っ取り早く使いこなせるように解説したものである．本書では，基本定理の証明は数学書に譲り，定理の使い方，それの意味する物理的内容に記述の重点を置いた．

【主要目次】 1. 行列と行列式　2. 微分と微分方程式　3. ベクトル解析　4. 固有値と固有関数　5. 複素関数

化学英語の手引き

大澤善次郎 著　Ａ５判／160頁／定価（本体2200円＋税）

長年にわたり「化学英語」の教育に携わってきた著者が，「卒業研究などで困ることのないように」との願いを込めて執筆した．手頃なボリュームで，講義・演習用テキスト，自習用参考書として最適．

【主要目次】 1. 化学英語は必修　2. 英文法の復習　3. 化学英文の訳し方　4. 化学英文の書き方　5. 元素，無機化合物，有機化合物の名称と基礎的な化学用語　付録：色々な数の読み方

新・元素と周期律

井口洋夫・井口　眞 共著　Ａ５判／310頁／定価（本体3400円＋税）

物性化学の視点から，物質を構成する原子－電子と原子核による－の組立てを解き，化学の羅針盤である周期律と元素の分類，および各元素の性質を論じてこの分野の定番となった『**基礎化学選書　元素と周期律（改訂版）**』を原書とし，現代化学を理解するための新しい“元素と周期律”として生まれ変わった．現代化学を学ぶ方々にとって，物質の性質を理解しその多彩な機能を利用するための新たな指針となるであろう．

【主要目次】 1. 元素と周期律 －原子から分子，そして分子集合体へ－　2. 水素 －最も簡単な元素－　3. 元素の誕生　4. 周期律と周期表　5. 元素 －歴史，分布，物性－

化学新シリーズ

化合物命名法

中原勝儼・稲本直樹 共著　Ａ５判／424頁／定価（本体5800円＋税）

無機・有機・有機金属化合物の命名法を一冊にまとめた．例題・問題も豊富で，化合物命名法の全貌をその基本から体系的に身につけることができる．

【主要目次】第Ⅰ部 化学命名法とは（序論－化学命名法について）　**第Ⅱ部 無機化学命名法**（無機化合物の命名方式／元素名，元素記号，元素の族／化学式／酸／分子／塩／錯体／付加化合物／同位体で修飾した化合物）　**第Ⅲ部 有機化学命名法**（有機化合物命名法の基礎事項／炭化水素／基本複素環化合物／特性基をもつ化合物の命名／複雑な化合物の命名手順／有機ハロゲン化合物／酸素を含む化合物／硫黄を含む化合物／窒素を含む化合物／遊離基，イオン／ホウ素，ケイ素，リン，セレン，テルルを含む化合物およびイリド／立体異性体の命名法）　**第Ⅳ部 有機金属化合物命名法**（有機金属化合物）

身近に出会える

硬貨		
1円	アルミニウム	Al
5円	黄銅	Cu-Zn
10円	青銅	Cu-Sn
50, 100円	白銅（ニッケル）	Cu-Ni
500円	黄銅	Cu-Zn-Ni

ステンレス鋼
Fe(74)-Cr(18)-Ni(8)

強力磁石
$Nd_2Fe_{14}B$, $SmCo_5$

LED		
青色	GaN	窒化ガリウム
緑色	GaP	リン化ガリウム
赤色	GaAs	ヒ化ガリウム

顔料（絵具）代表例	
白	$CaCO_3$, ZnO, TiO_2
赤	HgS, Fe_2O_3, Pb_3O_4
黄	CdS, PbO, $PbCrO_4$
緑	$CuCO_3$, $Cu(OH)_2$
青	$Fe_4[Fe(CN)_6]_3$

	1族	2族	3族	4族	5族	6族	7族	8族	9族
第1周期	**H 水素** 水の成分 生命のもと 宇宙のエネルギーと物質のもと								
第2周期	**Li リチウム** リチウム電池 軽金属合金	**Be ベリリウム** 宝石エメラルド $Be_3Al_2Si_6O_{18}$							
第3周期	**Na ナトリウム** 食塩の成分 動物に必須 血液中の濃度0.86％ 海水3％	**Mg マグネシウム** 葉緑素クロロフィル 歯みがき $MgCO_3$							
第4周期	**K カリウム** 植物に必須 肥料 植物の灰 陶磁器の釉薬	**Ca カルシウム** 石灰石（大理石），$CaCO_3$ セメント 骨，サンゴ 石コウ$CaSO_4$	**Sc スカンジウム** セラミックス 蓄電池の性能強化	**Ti チタン** チタン合金 TiO_2は光触媒．有害物の光分解，殺菌． $BaTiO_3$強誘電体	**V バナジウム** Feとの合金（硬くさび難い） 手術用メス	**Cr クロム** ステンレス鋼 クロムメッキ 顔料クロムイエロー	**Mn マンガン** 乾電池 （MnO_2） フェライト	**Fe 鉄** 建物の骨組 レール 刃物，磁石 血色素ヘモグロビン	**Co コバルト** ステンレス鋼 陶磁器の青色色素 磁石 ビタミンB_{12}
第5周期	**Rb ルビジウム** 光電管 光電池	**Sr ストロンチウム** 花火（赤色） ^{90}Sr放射能汚染で重要	**Y イットリウム** ファインセラミックス（高強度） レーザー発振（YAG）	**Zr ジルコニウム** 原子炉の燃料容器 白色顔料 高強度セラミックス	**Nb ニオブ** 電磁石 （リニアモーターカー）	**Mo モリブデン** 合金 生物に必須	**Tc テクネチウム** 天然に存在しない．人工の放射性Tcは病気の診断に使われる．	**Ru ルテニウム** 宝飾品 触媒	**Rh ロジウム** 宝飾品 触媒（大気汚染物の除去）
第6周期	**Cs セシウム** 原子時計 原子炉事故で放出された放射性物質 ^{137}Cs	**Ba バリウム** $BaSO_4$（胃のX線検査）	**ランタノイド** （下欄） 強力磁石， レーザー材料 蛍光体など	**Hf ハフニウム** 中性子吸収剤（原子炉の制御） 耐熱合金	**Ta タンタル** 人工骨，Ta_2O_5 強誘電体 コンデンサー（携帯，PC） 外科手術用具	**W タングステン** 白熱電球のフィラメント 合金（高強度鋼）	**Re レニウム** 1906年に小川正孝が発見したが1段上の元素と間違え栄誉を逃した．	**Os オスミウム** 万年筆のペン先	**Ir イリジウム** キログラム原器 万年筆のペン先
第7周期	**Fr フランシウム**	**Ra ラジウム** キュリー夫妻が発見． 以前には放射線源として使われた．	**アクチノイド** （下欄）	**Rf ラザホージウム**	**Db ドブニウム**	**Sg シーボーギウム**	**Bh ボーリウム**	**Hs ハッシウム**	**Mt マイトネリウム**

ランタノイド	**La ランタン** 水素吸蔵合金 発火合金	**Ce セリウム** ライター石 CeO_2（ガラス研磨剤）	**Pr プラセオジム** 磁石 $PrCo_5$	**Nd ネオジム** レーザー 強力磁石（電子機器）	**Pm プロメチウム**	**Sm サマリウム** 強力磁石（電子機器）	**Eu ユウロピウム** 蛍光体（赤）
アクチノイド	**Ac アクチニウム**	**Th トリウム**	**Pa プロトアクチニウム**	**U ウラン** 原子力発電の燃料	**Np ネプツニウム**	**Pu プルトニウム** 原子炉の運転で生成． 原子爆弾にも使われた．	**Am アメリシウム**